全日本最隨性的麵包教室

晨烤麵包

晚上揉麵後放置冰箱，早上烘烤就能享用

Backe晶子◎著

彭春美◎譯

全日本最隨性的麵包教室研發的
極美味「晨烤麵包」！

～只需在前一天揉好麵糰，隔天早上烘烤即可～

大家好！我是Backe晶子。
這次承蒙各位閱讀本書，實在非常感謝。
這本書可以讓你在早晨的廚房裡烤出香氣四溢、
新鮮出爐的熱呼呼麵包來加入每天的早餐當中。
做起來一點都不難，簡單得令人驚訝。
請以輕鬆愉快的心情來做做看吧！

「早上想吃剛出爐的麵包」、「想讓家人吃剛出爐的麵包」
——有這種想法的人應該很多吧！
只是，要在拂曉前就摸黑起床作業，在現實上是很難做到的，
而且有些人的家中並沒有製麵包機，或者是不喜歡用製麵包機。

如果是Backe的「晨烤麵包」，早上要做的事，就只有預熱烤箱後烘烤而已。
只要按下烤箱的按鍵就行了。

由於預熱和烘烤都可以讓烤箱自己進行，
所以不需要目不轉睛地在一旁盯著。
這個時間可以離開廚房，整裝打扮，或是叫家人起床，
然後熱呼呼的麵包就會開始散發誘人的香氣了。

按下按鈕，放入麵糰——只要進行這實質只有1分鐘的小小動作，

起床後30分鐘，「晨烤麵包」就毫不費力地烤好了。

有沒有一種很方便的食譜，可以讓要上班的人或是白天抽不出時間的人

都能輕鬆製作，早上只要烘烤就能完成美味的麵包？

我在這種想法下反覆嘗試製作，最後誕生的就是「晨烤麵包」。

在Backe的簡單麵包中，也是超級隨性的極致食譜。

不只是基本的原味麵包，也可以做出有配料的鹹麵包或是甜的點心麵包，

既適合在早上填飽肚子，也可以做為中午的便當。

沒想到竟然可以帶著剛出爐的麵包出門，真是太棒了！

製作麵包並不是要鼓起幹勁去從事的活動，

而是要自然地融入成為每天生活的一部分、成為早晨理所當然的光景……

它的完成形就是「晨烤麵包」。

請各位輕鬆愉快地試做看看吧！

Backe 晶子

前一天

計量後揉麵

放置在室內

可在
冰箱中放置
8～14個小時

分切、揉圓

只要放進冰箱即可

剩下的明天再做

隔天早上

從冰箱中拿出來

烤18分鐘

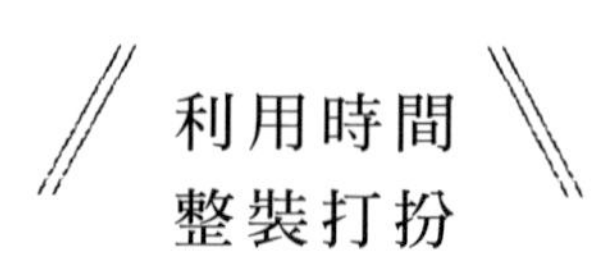

剛出爐的麵包完成了！

CONTENTS

chapter 1

-SQUARE TYPE-

用方模來烤烤看

chapter 2

-POUND TYPE-

用長條模來烤烤看

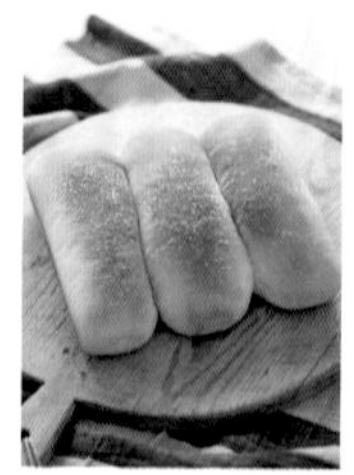

chapter 3

-PORCELAIN-

用琺瑯烤盤來烤烤看

chapter 4

-SKILLET-

用鑄鐵平底鍋來烤烤看

前一晚做好，隔天早上就能享用的美味家常菜＆湯品with三明治

- 計量單位1大匙＝15mℓ，1小匙＝5mℓ。
- 奶油基本上使用無鹽奶油。
- 砂糖使用上白糖。
- 蛋使用M尺寸的蛋。
- 烤箱使用的是作者家中的大烤箱。烘烤時間依各家廠商和機種而有差異，請視狀況調整時間。
- 在放入麵糰前，除了紙模之外，都要先塗上薄薄一層奶油或油脂（分量外）。紙模請先鋪上烘焙紙。
- 方模烘烤後要脱模時，須趁熱在流理台上等敲打模型，然後翻過來接住麵包；方模之外的就不需要敲打，而是要用竹籤等來進行脱膜。脱膜時請注意避免燙傷。

＊ 費用只是大致上的標準。以作者住家附近的超市販售的高筋麵粉1kg298日圓、酵母粉125g357日圓來計算。所有的方模食譜和琺瑯烤盤食譜中的p.54「鬆軟的香柔吐司風味」、p.55「黑胡椒香柔吐司風味」都是1個烤模份，其他的則為2個烤模份的價錢。

＊ 費用中不包括使用烤箱烘烤時約需30分鐘的電費和水費，並且會依材料的價錢和家中已有的材料而有所不同，敬請見諒。

有如魔法般的
「晨烤麵包」

前一天
在任何時候準備都OK！

時間都被工作或家事、育兒所佔據，要按照食譜的流程來進行作業應該很難吧！但是本書的食譜即使稍微錯過時間，麵糰也不會過度發酵，因此可以不用過度在意時間地製作。孩子還小的人，建議的順序是在哄孩子睡覺前揉麵，等孩子睡了之後做分切，接著只要放進冰箱就行了！這是一本任何人都能毫不勉強、輕鬆愉快地享受烘烤麵包樂趣的夢幻食譜。

晚上
只要放進冰箱即可

本書中的「放進冰箱」，就是所謂的2次發酵。一般來說，發酵必須有精密的溫度管理，不過Backe的「晨烤麵包」並不需要。只要放進冰箱即可。因為有可以在冰箱中放置8到14個小時的彈性，所以放置的時間只要差不多就行了！在我們睡覺的時候發酵就會進行，所以第二天早上可以直接烘烤！放進冰箱的時候，只需用濕布巾覆蓋麵糰，連同烤模一起放入塑膠袋中，然後綁好袋口就完成了。不需要特別的工具。

在家做麵包的醍醐味，就是可以吃到剛出爐的麵包。剛從烤箱出爐的麵包香氣和熱呼呼的美味，是只有手作才能品嘗得到的幸福滋味。只不過，想要在早餐吃剛烤好的麵包，就必須一大清早摸黑起床製作，這對一般家庭來說實在是太勉強了。
本書的「晨烤麵包」就是為了想在早上吃到新鮮出爐麵包的人而設計的特別食譜。

慢慢發酵
凝聚超群美味

「晨烤麵包」烤好後外酥內Q，非常美味。原因就在於麵糰會「在冰箱裡慢慢發酵」。只有低溫&長時間發酵才有的美味～麵粉的甘甜和醇厚的香氣～這些竟然能在家中就享受到，真是太奢侈了。如果能在前一天晚上做好數種食譜的麵糰，餐桌上就能擺出好幾種新鮮出爐的麵包……這種像夢一樣的早餐光景也並非不可能。

酵母粉
只要一點點就好

本書所使用的即溶乾酵母的量是1/2小匙。相較於一般的麵包食譜，算是相當少的量。可能有人會擔心「這樣麵糰發得起來嗎？」，其實，因為是使用冰箱進行長時間發酵，所以這個量是沒有問題的。只要一夜到天明，麵糰就會充分膨脹，敬請安心。如果麵糰不夠膨脹，不妨在進烤箱烘烤之前，拿出來在室溫中放置一下就可以了。

全日本最隨性的麵包教室的特色

只要室溫（25℃）和冰箱，不需要發酵器

在製作麵包的常識上，最佳的發酵溫度是30～40℃。如此一來，就必須有發酵器等器具。不過，Backe的麵包有個大重點，那就是製作麵包時最大的難關「發酵」，只要「利用室溫」、「放入冰箱」就可以做到！室溫的大致標準是25℃。這是我們感覺舒適的溫度。在春・秋時可直接進行，夏・冬時若打開空調，也是只要置於室內即可。至於冰箱，甚至連溫度計都不需要。

極力減少基本材料和工具！

材料中不使用蛋（也有極少部分有使用的食譜），奶油和砂糖的用量也少，所以熱量很低。砂糖和鹽都不使用特別的種類，用家裡有的就行了。Backe的麵包是可以從日常料理使用的砧板和攪拌盆開始的，是非常輕鬆愉快的作業。工具也不需要使用麵包專用的器具，用製作糕點的橡皮刮刀或菜刀就能充分代替。

Backe的麵包製作，最重視的是初學者是否也能成功地烘烤麵包，因此，有許多地方和一般的麵包作業並不相同。想方設法降低發酵方式、材料和工具、揉麵技巧……等等製作麵包的困難度，好讓任何人都能享受到美味現烤麵包的樂趣。你可以一邊看電視或一邊聊天，趁做家事的空檔隨意地製作，就能享受充分的美味。這就是本書的優點。

不需要特殊的揉麵技巧

在基本麵糰的配方上，也考慮了「揉麵的容易度」，所以不需要特殊的揉麵技巧。以「方便揉麵的配方」製作「容易成形的麵糰」，即使是烘製麵包的初學者也不會失敗。還有，因為不需要甩打麵糰，所以不會有噪音或是麵粉四處飛散的情形。不用大幅延展麵糰，因此只需要有一塊砧板的空間即可，不需考慮作業場所和時間。

可以冷凍保存

「冷凍麵包」──這麼說可能會被認為是旁門左道吧！不過會讓大家驚訝的是，Backe的麵包就算冷凍保存，風味依然不減！所以，有時間的時候可以全部先烘製好。烤好的麵包冷卻後，用保鮮膜將一次食用的分量確實地包起來，放入保鮮袋後冷凍。食用時只要放在室溫下自然解凍即可，所以請安心地冷凍吧！

可以用喜愛的模型來烘製

「晨烤麵包」的特色是要放入模型中烘製。可以連同烤模一起放進冰箱中，烤好後看起來也很可愛。只要是耐熱模型，用家裡原本就有的東西來代替也可以。在本書中，是以下列4種模型來進行烘烤。另外，除了本書中所有的方模食譜和琺瑯烤盤食譜的p.54「鬆軟的香柔吐司風味」、p.55「黑胡椒香柔吐司風味」之外，所有的材料都是2個烤模份。要烘製1個烤模份時，請將材料各自減半。

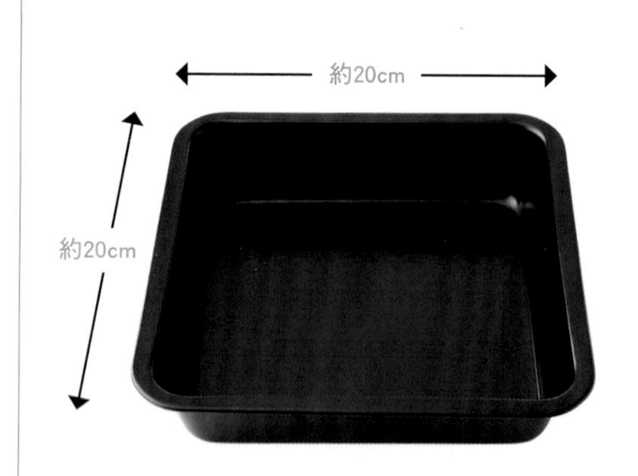

-SQUARE TYPE-

方模

特色是可以一次烘烤4～5人份，從圓形到長條形，各種形狀的麵包都能烘焙。不需擔心麵糰沾黏這一點也很讓人高興。

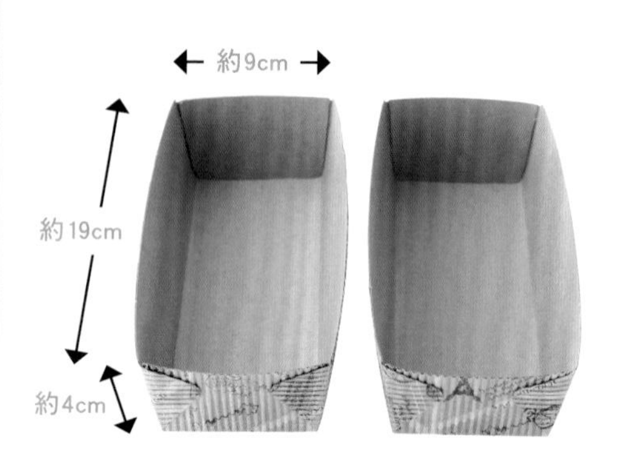

-POUND TYPE-

長條形紙模

可在百元商店等處購得。價格最便宜。雖然烘烤麵包時需要用到烘焙紙，但只要沒有污損就可以使用好幾次，頗為經濟。推薦給沒有烤模的人。

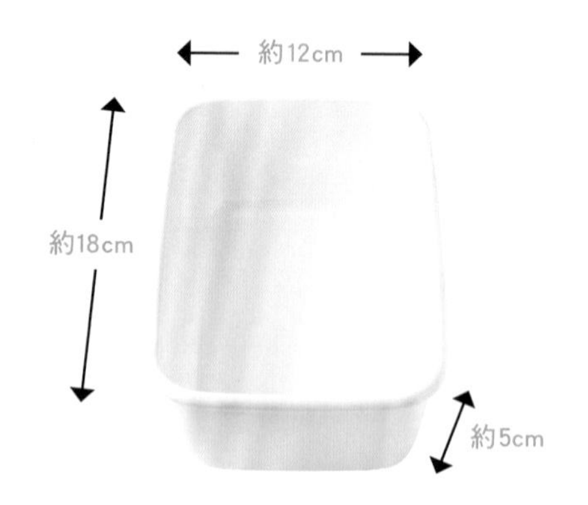

-PORCELAIN-

琺瑯烤盤

琺瑯烤盤的外觀很可愛，附有蓋子也是它的魅力之一。要保存剩餘的麵包時非常方便。放進冰箱時，只要蓋上蓋子就可以上下重疊，節省空間。

-SKILLET TYPE-

鑄鐵平底鍋

廣受好評的鑄鐵平底鍋。烤好後可以直接端到餐桌上，這麼可愛的感覺是只有鑄鐵平底鍋才有的！已經擁有的人請一定要試試用來烤麵包哦！

所需材料

雖然對製作麵包的材料有所執著也很好，不過我認為比起要「這是麵包專用」、「這是特別用粉」地備齊這個那個又佔空間，還是使用每天料理用的糖和鹽來烘製麵包會更輕鬆，所以對於材料我並不挑剔。說到麵包專用的材料，要準備的也只有高筋麵粉和即溶乾酵母而已。油脂也和其他的麵包食譜不同，只需要少量即可，因此只要用冰箱中現有的乳瑪琳或含鹽奶油、無鹽奶油等都可以製作哦！

容易揉麵的分量。

●基本材料

高筋麵粉 … 280g　使用日清山茶花麵粉。

砂糖 … 1大匙

鹽 … 1小匙

即溶乾酵母 … 1/2小匙

溫水（35℃左右）… 180cc

奶油或乳瑪琳 … 5g

本書的重點！用極為少量就能製作。

＊用800W的微波爐將水加熱約20～30秒，水溫大約就是35℃了。請在攪拌後用溫度計測量。如果比35℃還低，就以800W每次10秒鐘地加熱後再測量；如果比35℃還高，就減少溫水，加冷水補足。

＼＼省時技巧／／

＊購買高筋麵粉後，馬上分裝成小袋，在想要烘製麵包時就不需要再秤重了，非常輕鬆（請依照食譜以所需分量分裝）。

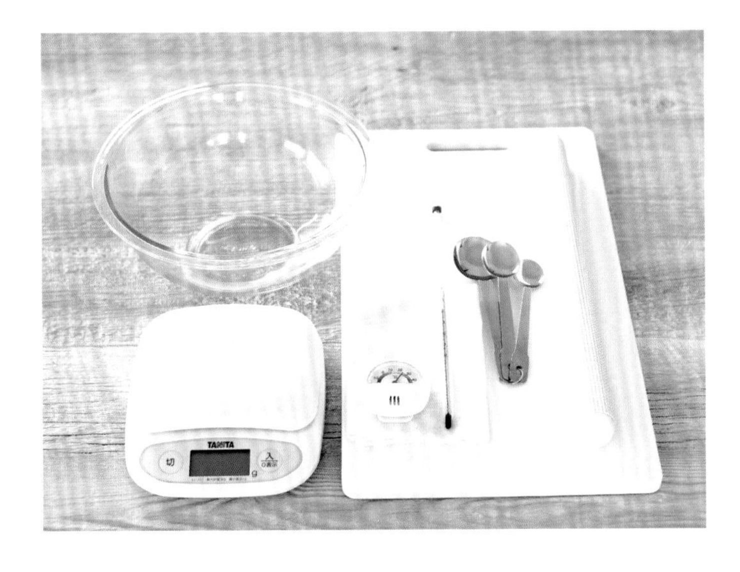

所需用具

剛開始烘製麵包時，往往會認為必須要有「特殊用具」、「烘製麵包專用的器具」；不過，我的麵包製作，特色就是平日使用的砧板和刀子都可以直接使用。一切都不拘泥，請掌握重點來選擇用具吧！攪拌盆建議使用直徑約25cm大小的玻璃製品。此外，在砧板下方鋪上地毯用的止滑墊，揉起麵糰會更容易。

●一定要有的用具

料理秤…………電子型的最好，如果沒有的話，指針型的也可以。

攪拌盆（大）……直徑約25cm大小的，比較容易作業。

溫度計…………請準備測量室溫和水溫用的2種溫度計。

●家裡可能有的用具

揉麵板（砧板）

粉篩

量杯

量匙…………大匙（15mℓ）、小匙（5mℓ）、1/2小匙（2.5mℓ）共3支。

刮板…………用於取出攪拌盆中的麵糰。可以用橡膠刮刀來代替。

切麵刀…………用於分切麵糰。可以用菜刀來代替。

布巾…………可以的話，漂白過的棉麻製品是最好的；如果沒有的話，就使用薄布巾。

保鮮膜

計時器

●依食譜使用的用具

擀麵棍

烘焙紙

早上7點

在早上享用剛出爐麵包的行程表

在此介紹的是，
假設要在7點將剛烤好的麵包端上桌的話，
應該在什麼時間做什麼事的行程表。
開始製作的時間，
從下午2點半左右到8點半左右，
任何時間開始都可以哦！

從14:30左右開始也OK。

到放進冰箱的為止，請計算好製作時間。

20:25

計量

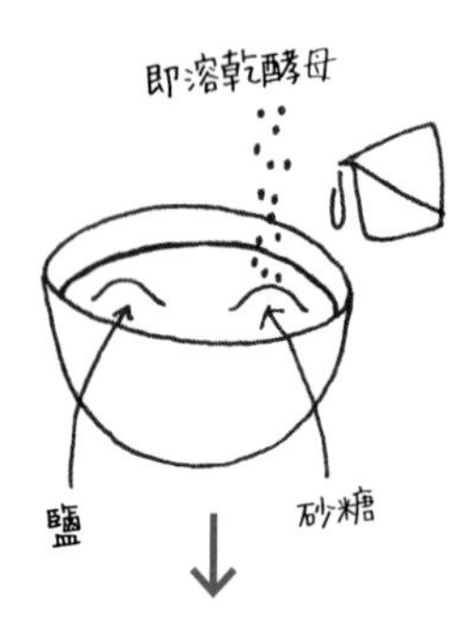

↓

揉麵

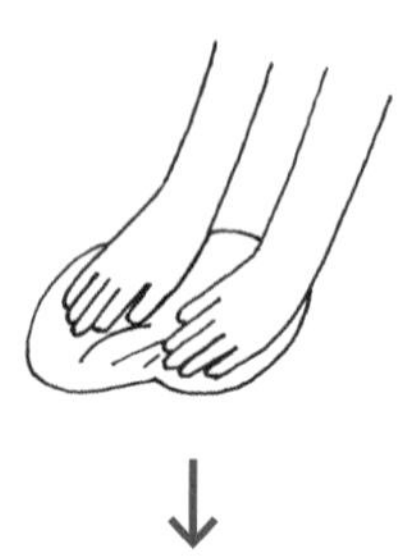

↓

20:40

置於室溫下

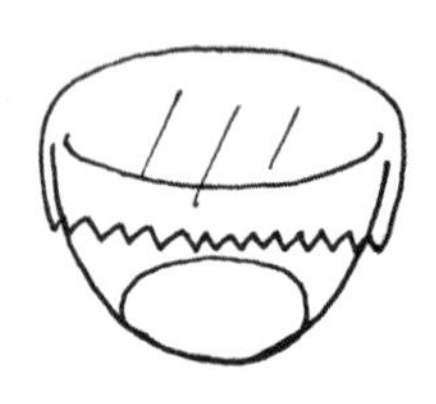

↓ 90分鐘

22:10

分切

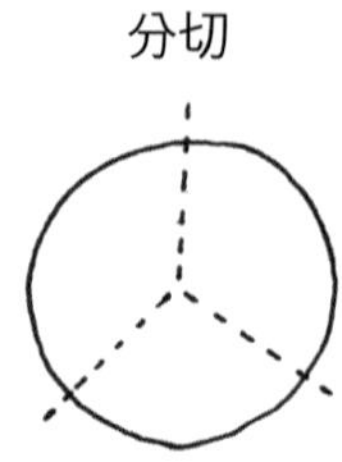

→

22:15

置於室溫下

→ 10分鐘

22:25

整型

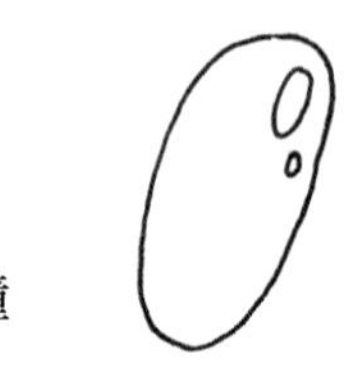

↑

22:30

放進冰箱中

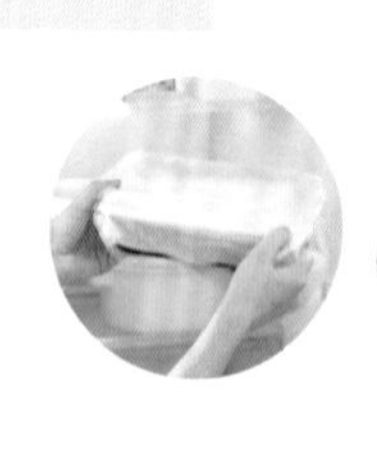

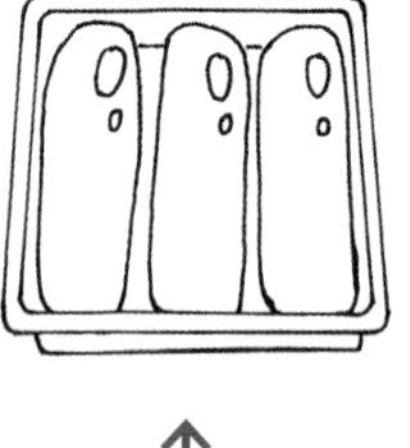

如果是從14:30開始，大約要在16:30左右放進冰箱。

↑ 8~14時間

一晚

翌晨6:30

烘烤

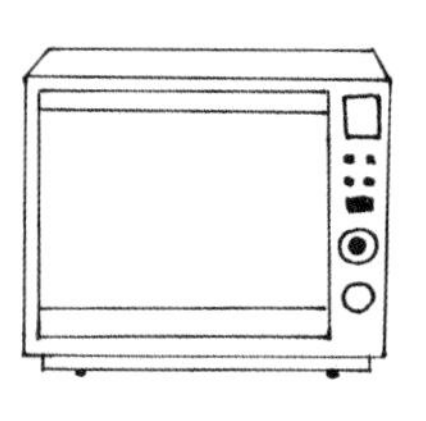

←

翌晨6:48

享用熱呼呼的麵包！

輕輕鬆鬆

溫度只要某程度適宜就可以了！

一般認為製作麵包時溫度是很重要的。
初次製作的人，最好要確實測量溫度來製作。
但在現實生活中，要持續進行溫度管理並不容易。
「晨烤麵包」是只要使用少量的即溶乾酵母，
在盡可能的適宜溫度下就不會失敗的食譜。

室溫	與麵粉混合的水溫	1次發酵的時間（只用觸摸確認）	2次發酵的時間
高於25℃	32～33℃	70～75分	可不用在意溫度！
25℃（以此室溫為佳）	35℃	90分	放在冰箱 8～14個小時
低於25℃	37～38℃	105～110分	＊冰箱的溫度以10℃左右為基準。若有過度發酵或是發酵不足的情況，請確認冰箱溫度。

這是重點！

這是使用溫度計花不到1分鐘的作業。只要在這個步驟有確實測量，失敗就會大幅減少。

用手指輕輕按壓，只要有留下痕跡就行了；如果沒有留下痕跡，就再放置5分鐘看看。

＼室溫下！／

「晨烤麵包」因為在

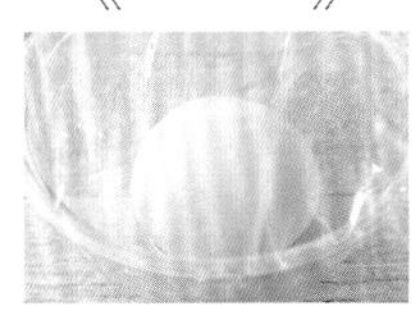

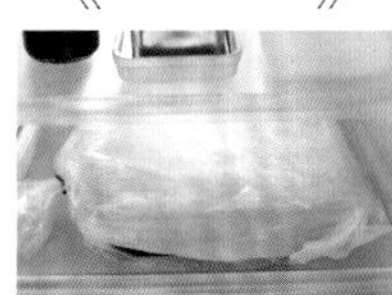

而能變得美味！

用方模來烤烤看

不管烘烤什麼都能可愛地呈現的方模，
最適合「晨烤麵包」了。只要利用這裡的基本麵糰，
其他各頁的麵包也都只要稍做變化就能烘烤了喲！

SQUARE TYPE

chapter

1

-SQUARE TYPE-
BASIC

基本的晨烤麵包

「晨烤麵包」的基本口味。
質地細緻、口感Q彈，是每天吃也不會膩的美味。

step 1

計量&揉麵 15分鐘

計量材料，一開始在攪拌盆中，後半移到砧板上揉麵。

1

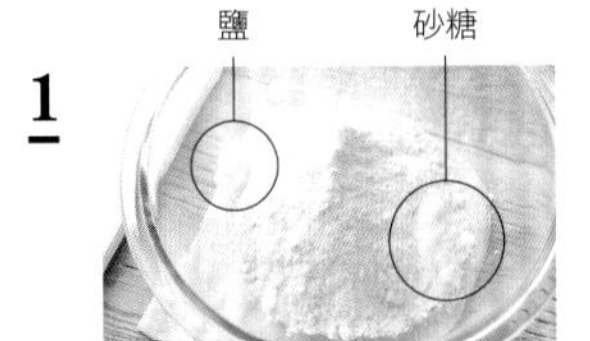

麵粉過篩到攪拌盆中，將鹽和砂糖分開放置在兩端。

2

將攪拌盆往砂糖那一側傾倒，一口氣倒入35℃左右的溫水。在該處撒上酵母粉。

3

一邊溶化酵母粉，一邊攪拌混合全體。只要酵母粉沒有浮起來就可以了！迅速溶化後，快速地將材料揉成一團。打開手指，好像讓手沿著攪拌盆側面般地大把揉麵。持續迅速地大把揉麵，將材料揉成一團。

4

加入奶油揉合進去。剛開始時不太容易揉合，要加油！

5

揉成一團後，將麵糰從攪拌盆移到砧板上。

6

利用體重從上面按壓般地在砧板上揉麵。不須甩打、延展、拉長麵糰。

7

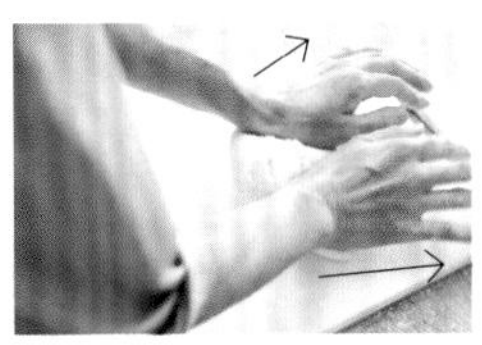

將「揉麵後摺疊麵糰，再整理成一塊」的作業反覆進行5分鐘。手部動作要快速！

8

要添加配料時，大多會在這個時候攪拌混合。

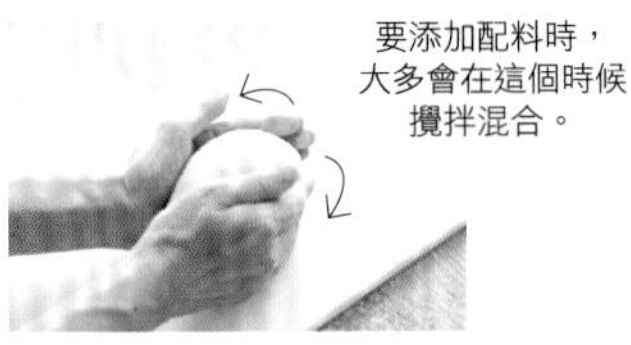

待麵糰變得光滑後，讓表面突起般地整理成圓形。注意避免拉長麵糰地弄圓。

揉麵完成的大致標準

沒有大疙瘩（不須在意小顆粒）。

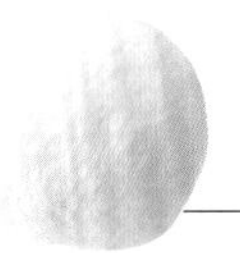

放在室溫（25℃）下 90分鐘

將麵糰放入攪拌盆中，覆蓋保鮮膜，待其膨脹到2倍大左右。

1

將麵糰放入攪拌盆中，覆蓋保鮮膜。

2

膨脹到約2倍大。

1次發酵的大致標準

用手指輕壓，只要留下痕跡即可；如果沒有留下痕跡，就要多放置5分鐘後，再次確認。

材料
（約20×20cm的方模 1個份）

高筋麵粉 … 280g
砂糖 … 1大匙
鹽 … 1小匙
即溶乾酵母 … 1/2小匙
溫水（35℃左右） … 180cc
奶油或乳瑪琳 … 5g

¥103

重新揉圓&分切 5分鐘

去除麵糰中的空氣，分切，
揉圓。

1

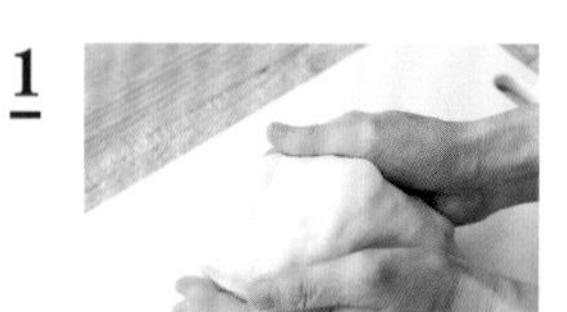

將麵糰放到砧板上，用兩手按壓麵糰，擠出裡面的空氣。緩慢輕柔地重新揉圓。不要過度拉扯麵糰，空氣沒有完全擠出也沒關係。

2

輕壓成扁圓形，分切成4份後，各自揉圓。

3

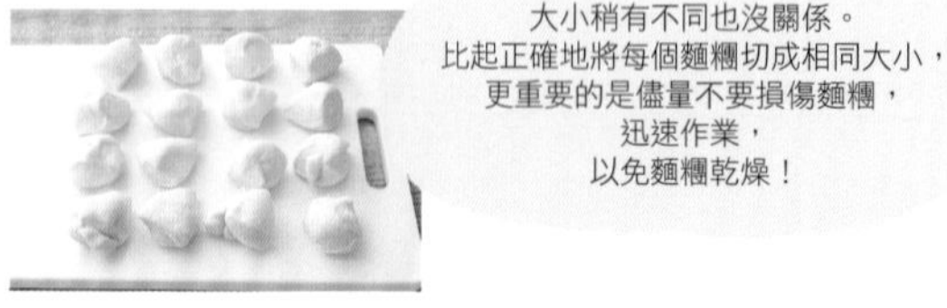

再各分切成4份，共切成16個。

4

將分切時切開的部分捏合。

5

這裡就算沒有完全捏合，
或是沒有揉成
正圓形也沒關係。
只要將切開的部分捏合即OK。

隱藏切面般地揉圓。

→ 放置在室溫（25℃）下 10分鐘

將16個麵糰排列在砧板上，覆蓋上弄濕後徹底擰乾的布巾。

step 3

→ 去除空氣&重新揉圓 5分鐘

去除麵糰中的空氣，整理成圓形，
放進麵包烤模中。

1

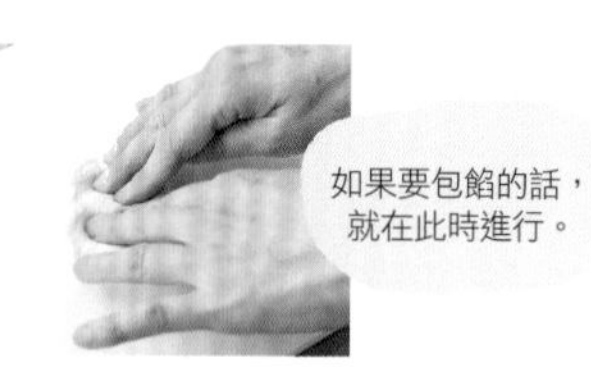

捏合處朝上地將麵糰放置在砧板上，輕輕拍打，去除空氣，做成扁圓形。

2

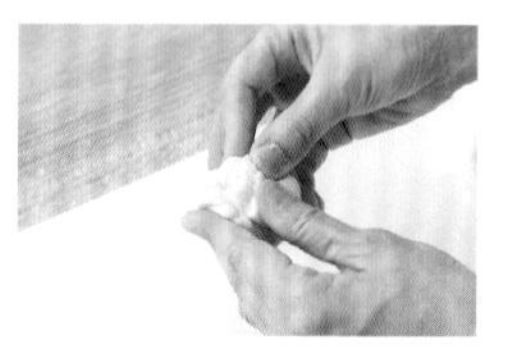

將麵糰的兩端捏合。這時要確實地捏合，整理成圓形。

3

將捏合部分整理好後，捏合處朝下地放進烤模中。

時間只要差不多
就可以了。

放進冰箱中 8~14小時

蓋上徹底擰乾的濕布巾，裝入塑膠袋並綁好袋口。
放進冰箱靜置即可。

亦即所謂的
2次發酵。

1

連同烤模，整個蓋上徹底擰乾的濕布巾。

2

裝進塑膠袋中，綁好袋口。
放進冰箱靜置。

在冰箱中
慢慢發酵

冰箱的溫度以10℃左右為基準。
過度發酵或是發酵不足時，請確認溫度。

如果發酵得不夠，
從冰箱拿出後，
可在室溫下稍微
放置一會兒。

烘烤 18分鐘

以200℃預熱好的烤箱烘烤18分鐘。

Backe Basic bread

不同的烤箱機種，火力也不一樣。
如果用200℃烘烤18分鐘後沒有出現烤色，
就以210℃來烘烤；如果烤色太深，
就用190℃烘烤。像這樣試著調整溫度
來進行烘烤。

也可以冷凍保存

就算冷凍保存，風味也不會變差，就是Backe麵包的特色。用保鮮膜將食用分量包好，放入保鮮袋後放進冷凍室。食用時自然解凍是最好的。

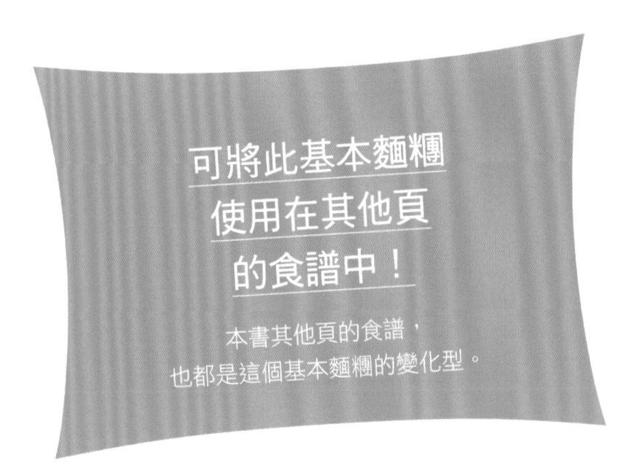

-SQUARE TYPE-

全麥手撕麵包

只要在高筋麵粉中混合全麥麵粉，就能做出不論外觀還是口感都截然不同的手撕麵包。
也可以用裸麥粉、全粒粉等來取代全麥麵粉。

¥134

材料
（約20×20cm的方模 1個份）

高筋麵粉 … 250g
全麥麵粉 … 40g
砂糖 … 1大匙
鹽 … 1小匙
即溶乾酵母 … 1/2小匙
溫水（35℃左右） … 180cc
奶油或乳瑪琳 … 5g

沾粉用

全麥麵粉 … 適量

作法

1 將量好的高筋麵粉過篩到攪拌盆中，粗略混合全麥麵粉後（a、b），將鹽和砂糖分開放入。傾斜攪拌盆，對著砂糖注入溫水，撒上酵母粉，用手指攪拌混合，使其溶化。途中加入奶油，在攪拌盆中揉成一團後，移至砧板上揉麵，直到麵糰變得光滑為止。放入攪拌盆中，蓋上保鮮膜。

》在25℃下放置90分鐘

2 用手指輕按，如果會留下痕跡，就將麵糰取至砧板上，重新揉圓並去除空氣，分成16等份。各自重新揉圓後，蓋上徹底擰乾的濕布巾。

》放置10分鐘

3 用手壓平麵糰，重新揉圓，表面沾附全麥麵粉，將捏合處朝下地放進烤模中，蓋上濕布巾。連同烤模一起裝入塑膠袋中，綁好袋口。

在冰箱中放置8～14個小時

4 經過8～14個小時後，拿開塑膠袋和布巾，以200℃預熱好的烤箱烘烤18分鐘左右。

a 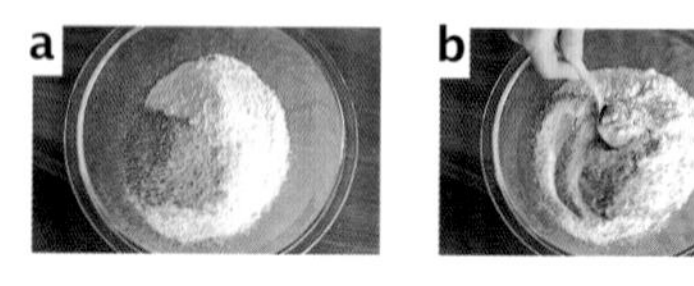
b 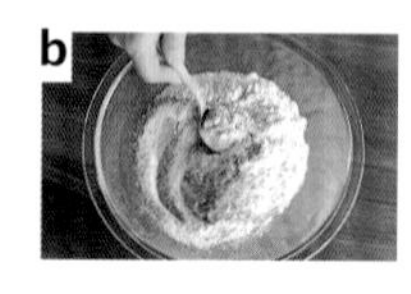

全麥麵粉和高筋麵粉混合後一起揉麵。

餐包風味手撕麵包

一口氣烘製出9個比店裡吃的漢堡麵包還小一號的小餐包。
避免從上面按壓到已經揉圓的麵糰，烤出來會更可愛。

¥103

材料
（約20×20cm的方模 1個份）

高筋麵粉 … 280g
砂糖 … 1大匙
鹽 … 1小匙
即溶乾酵母 … 1/2小匙
溫水（35℃左右）… 180cc
奶油或乳瑪琳 … 5g

撒料用

白芝麻 … 適量

作法

1 將量好的麵粉過篩到攪拌盆中，分開放入鹽和砂糖。傾斜攪拌盆，對著砂糖注入溫水，撒上酵母粉，用手指攪拌混合，使其溶化。途中加入奶油，在攪拌盆中揉成一團後，移至砧板上揉麵，直到麵糰變得光滑為止。放入攪拌盆中，蓋上保鮮膜。

››› 在25℃下放置90分鐘

2 用手指輕按，如果會留下痕跡，就將麵糰取至砧板上，重新揉圓並去除空氣，分成9等份。各自重新揉圓後，蓋上徹底擰乾的濕布巾。

››› 放置10分鐘

3 用手壓平麵糰，重新揉圓，將捏合處朝下地放進烤模中（a），蓋上濕布巾。連同烤模一起裝入塑膠袋中，綁好袋口。

在冰箱中放置8～14個小時

4 經過8～14個小時後，拿開塑膠袋和布巾（b），依個人喜好撒上白芝麻（c），以200℃預熱好的烤箱烘烤18分鐘左右。

a
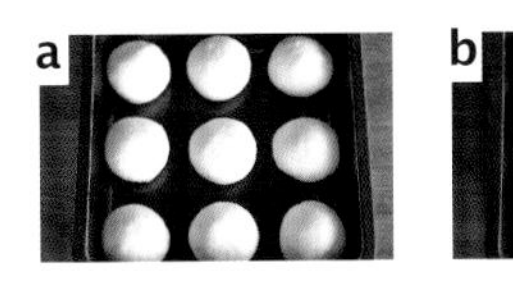

b
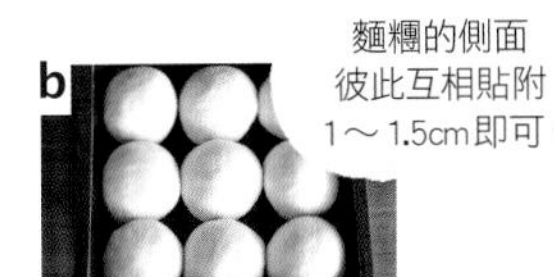

麵糰的側面彼此互相貼附1～1.5cm即可。

c

手撕日式餐包～原味～

日式餐包的形狀出乎意料地難做，但若使用模型，側邊就能烤得筆直，讓人放心。
重點要於要使用擀麵棍，確實擀出縱向的長度，並使麵糰的厚度一致。

材料
（約20×20cm的方模　1個份）

高筋麵粉 … 280g
砂糖 … 1大匙
鹽 … 1小匙
即溶乾酵母 … 1/2小匙
溫水（35℃左右） … 180cc
奶油或乳瑪琳 … 5g

¥103

作法

1 將量好的麵粉過篩到攪拌盆中，分開放入鹽和砂糖。傾斜攪拌盆，對著砂糖注入溫水，撒上酵母粉，用手指攪拌混合，使其溶化。途中加入奶油，在攪拌盆中揉成一團後，移至砧板上揉麵，直到麵糰變得光滑為止。放入攪拌盆中，蓋上保鮮膜。

»» 在25℃下放置90分鐘

2 用手指輕按，如果會留下痕跡，就將麵糰取至砧板上，重新揉圓並去除空氣，分成3等份（a）。各自重新揉圓後，蓋上徹底擰乾的濕布巾。

»» 放置10分鐘

3 用手壓平麵糰，以擀麵棍擀成約10×20cm的橢圓形（b），將兩邊摺向正中間（c、d），捏合麵糰（e），將捏合處朝下地放入烤模中（f），蓋上濕布巾。連同烤模一起裝入塑膠袋中，綁好袋口。

在冰箱中放置8～14個小時

4 經過8～14個小時後，拿開塑膠袋和布巾，以200℃預熱好的烤箱烘烤18分鐘左右。

a b
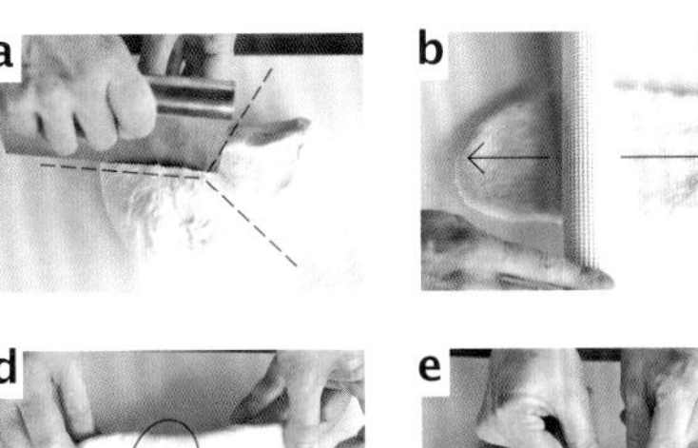

c
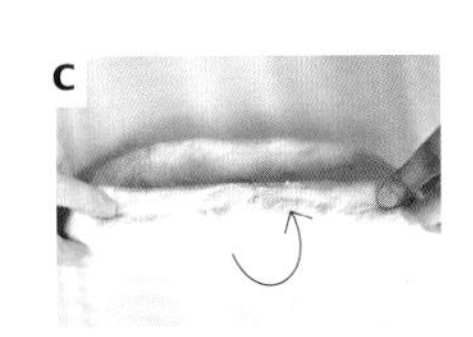

d

e
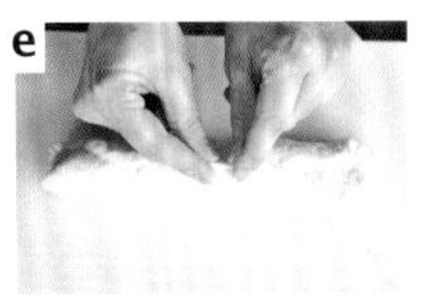

f

小麥胚芽手撕日式餐包

除了富含維生素和礦物質，紅褐色的麵糰在製作美觀的三明治時也大大活躍。
這次使用的是烘烤過的小麥胚芽。

¥214

材料
（約20×20cm的方模 1個份）

高筋麵粉 … 250g
小麥胚芽 … 40g
砂糖 … 1大匙
鹽 … 1小匙
即溶乾酵母 … 1/2小匙
溫水（35℃左右） … 180cc
奶油或乳瑪琳 … 5g

作法

1 將量好的高筋麵粉過篩到攪拌盆中，粗略混合小麥胚芽後，將鹽和砂糖分開放入。傾斜攪拌盆，對著砂糖注入溫水，撒上酵母粉，用手指攪拌混合，使其溶化。途中加入奶油，在攪拌盆中揉成一團後，移至砧板上揉麵，直到麵糰變得光滑為止。放入攪拌盆中，蓋上保鮮膜。

⟫ 在25℃下放置90分鐘

2 用手指輕按，如果會留下痕跡，就將麵糰取至砧板上，重新揉圓並去除空氣，分成3等份。各自重新揉圓後，蓋上徹底擰乾的濕布巾。

⟫ 放置10分鐘

3 用手壓平麵糰，以擀麵棍擀成約10×20cm的橢圓形，將兩邊摺向正中間，捏合麵糰，將捏合處朝下地放入烤模中，蓋上濕布巾。連同烤模一起裝入塑膠袋中，綁好袋口。

捏合方法請參照p.25。

在冰箱中放置8～14個小時

4 經過8～14個小時後，拿開塑膠袋和布巾，以200℃預熱好的烤箱烘烤18分鐘左右。

-SQUARE TYPE-

葡萄乾手撕日式餐包

整型的時候，要檢查葡萄乾是否有均勻地散佈在整個麵糰中！
葡萄乾如果露出麵糰表面就會烤焦，須注意。

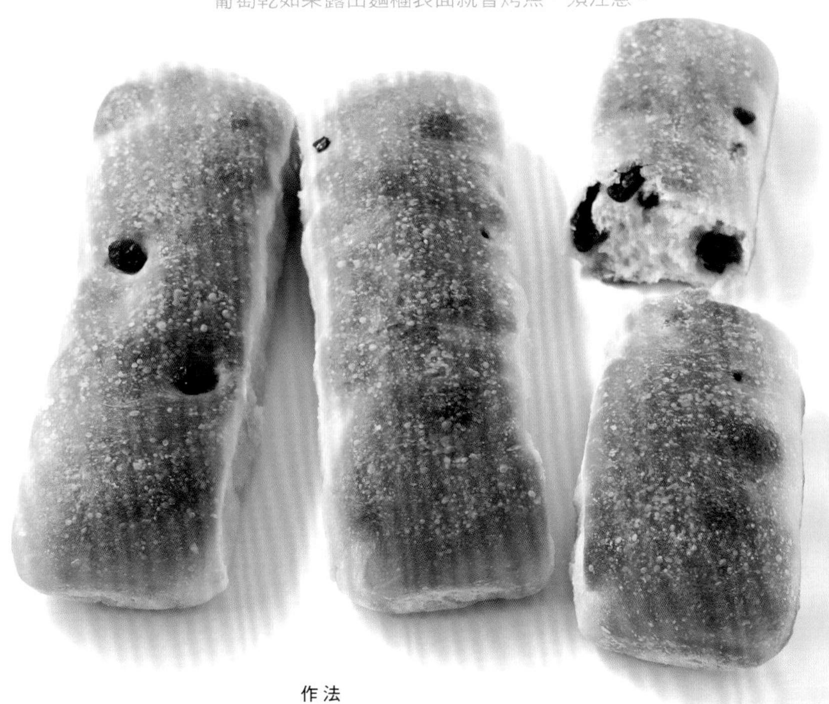

¥231

材料
（約20×20cm的方模 1個份）

高筋麵粉 … 280g
砂糖 … 1大匙
鹽 … 1小匙
即溶乾酵母 … 1/2小匙
溫水（35℃左右）… 180cc
奶油或乳瑪琳 … 5g
葡萄乾 … 80g

a 葡萄乾分成數次放入攪拌盆中，將麵糰往該處按壓。

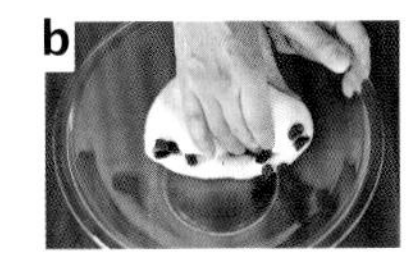

b 將黏附葡萄乾的那一面像要包入內側般地混入麵糰中。反覆進行數次。

作法

1 將量好的麵粉過篩到攪拌盆中，分開放入鹽和砂糖。傾斜攪拌盆，對著砂糖注入溫水，撒上酵母粉，用手指攪拌混合，使其溶化。途中加入奶油，在攪拌盆中揉成一團後，移至砧板上揉麵，直到麵糰變得光滑為止。將葡萄乾分數次放入攪拌盆中，麵糰往該處按壓般地混入（a、b）。放入攪拌盆中，蓋上保鮮膜。

》在25℃下放置90分鐘

2 用手指輕按，如果會留下痕跡，就將麵糰取至砧板上，重新揉圓並去除空氣，分成3等份。各自重新揉圓後，蓋上徹底擰乾的濕布巾。

》放置10分鐘

3 用手壓平麵糰，以擀麵棍擀成約10×20cm的橢圓形，將兩邊摺向正中間，捏合麵糰，將捏合處朝下地放入烤模中，蓋上濕布巾。連同烤模一起裝入塑膠袋中，綁好袋口。

在冰箱中放置8～14個小時

捏合方法請參照p.25。

4 經過8～14個小時後，拿開塑膠袋和布巾，以200℃預熱好的烤箱烘烤18分鐘左右。

核桃無花果手撕日式餐包

核桃用平底鍋炒過後會更加美味，請別忘了這個動作。
無花果若用力攪拌混入就會潰散，造成麵糰發黏，所以請輕柔地均勻混入。

材料
（約20×20cm的方模 1個份）

高筋麵粉 … 280g
砂糖 … 1大匙
鹽 … 1小匙
即溶乾酵母 … 1/2小匙
溫水（35℃左右） … 180cc
奶油或乳瑪琳 … 5g
核桃 … 40g
無花果乾 … 40g

預先準備

核桃先用平底鍋略微炒過，切碎備用。
無花果切成小塊。

a 核桃和無花果分數次放入攪拌盆中，將麵糰往該處按壓。

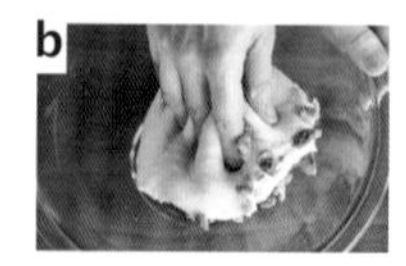
b 將黏附核桃和無花果的那一面像要包入內側般地混入麵糰中。反覆進行數次。

作法

1 將量好的麵粉過篩到攪拌盆中，分開放入鹽和砂糖。傾斜攪拌盆，對著砂糖注入溫水，撒上酵母粉，用手指攪拌混合，使其溶化。途中加入奶油，在攪拌盆中揉成一團後，移至砧板上揉麵，直到麵糰變得光滑為止。將核桃和無花果分數次放入攪拌盆中，麵糰往該處按壓般地混入（a、b）。放入攪拌盆中，蓋上保鮮膜。

在25℃下放置90分鐘

2 用手指輕按，如果會留下痕跡，就將麵糰取至砧板上，重新揉圓並去除空氣，分成4等份。各自重新揉圓後，蓋上徹底擰乾的濕布巾。

放置10分鐘

3 用手壓平麵糰，以擀麵棍擀成約8×20cm的橢圓形，將兩邊摺向正中間，捏合麵糰，將捏合處朝下地放入烤模中，蓋上濕布巾。連同烤模一起裝入塑膠袋中，綁好袋口。

在冰箱中放置8～14個小時

捏合方法請參照p.25。

4 經過8～14個小時後，拿開塑膠袋和布巾，以200℃預熱好的烤箱烘烤18分鐘左右。

抹茶黃豆粉手撕日式餐包

甘納豆容易壓爛，所以重點在於要在整型時才加入。
如果是有水氣的種類，請用廚房紙巾確實吸乾水氣後再使用。

¥286

材料
（約20×20cm的方模 1個份）

高筋麵粉 … 270g
抹茶 … 1大匙
砂糖 … 1大匙
鹽 … 1小匙
即溶乾酵母 … 1/2小匙
溫水（35℃左右） … 180cc
奶油或乳瑪琳 … 5g
濕的甘納豆 … 80g

撒粉用

黃豆粉 … 適量

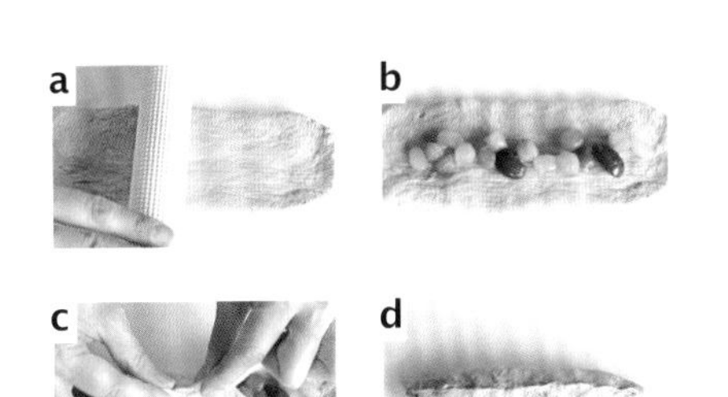

作法

1 將量好的高筋麵粉過篩到攪拌盆中，粗略混合抹茶粉後，將鹽和砂糖分開放入。傾斜攪拌盆，對著砂糖注入溫水，撒上酵母粉，用手指攪拌混合，使其溶化。途中加入奶油，在攪拌盆中揉成一團後，移至砧板上揉麵，直到麵糰變得光滑為止。放入攪拌盆中，蓋上保鮮膜。

››› 在25℃下放置90分鐘

2 用手指輕按，如果會留下痕跡，就將麵糰取至砧板上，重新揉圓並去除空氣，分成4等份。各自重新揉圓後，蓋上徹底擰乾的濕布巾。

››› 放置10分鐘

3 用手壓平麵糰，以擀麵棍擀成約8×20cm的橢圓形（a），放上一排甘納豆（b）。將兩邊摺向正中間（c），捏合麵糰（d），將捏合處朝下地放入烤模中，蓋上濕布巾。連同烤模一起裝入塑膠袋中，綁好袋口。

在冰箱中放置8～14個小時

4 經過8～14個小時後，拿開塑膠袋和布巾，用濾茶器輕輕撒上黃豆粉，以200℃預熱好的烤箱烘烤18分鐘左右。

-SQUARE TYPE-

割紋手撕日式餐包

劃上割紋前先均勻地撒上麵粉，不只看起來美觀，也可以消除表面的濕黏，使作業變得更容易。用鋒利的刀子迅速地一口氣劃開吧！

材料
（約20×20cm的方模 1個份）

高筋麵粉 … 280g
砂糖 … 1大匙
鹽 … 1小匙
即溶乾酵母 … 1/2小匙
溫水（35℃左右）… 180cc
奶油或乳瑪琳 … 5g

撒粉用
高筋麵粉 … 適量

作法

1 將量好的麵粉過篩到攪拌盆中，分開放入鹽和砂糖。傾斜攪拌盆，對著砂糖注入溫水，撒上酵母粉，用手指攪拌混合，使其溶化。途中加入奶油，在攪拌盆中揉成一團後，移至砧板上揉麵，直到麵糰變得光滑為止。放入攪拌盆中，蓋上保鮮膜。

在25℃下放置90分鐘

2 用手指輕按，如果會留下痕跡，就將麵糰取至砧板上，重新揉圓並去除空氣，分成4等份。各自重新揉圓後，蓋上徹底擰乾的濕布巾。

放置10分鐘

3 用手壓平麵糰，以擀麵棍擀成約8×20cm的橢圓形，將兩邊摺向正中間，捏合麵糰，將捏合處朝下地放入烤模中，蓋上濕布巾。連同烤模一起裝入塑膠袋中，綁好袋口。

在冰箱中放置8～14個小時

4 經過8～14個小時後，拿開塑膠袋和布巾，要放入烤箱前才撒上麵粉（a），用割紋刀和廚房用剪刀劃上割痕（b、c、d），以200℃預熱好的烤箱烘烤18分鐘左右。

重疊2個濾茶器來使用就很方便。百元商店販賣的很夠用了。

a 微量地撒上好幾次。

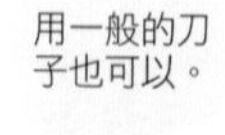
用一般的刀子也可以。

b 斜向平行地劃上割痕。

c

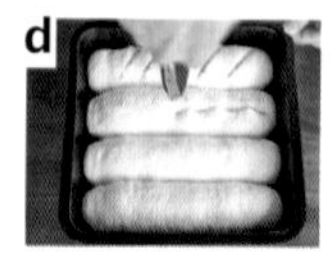
d 以廚房用剪刀橫向地剪開。

玉米小麵包

為了避免烤好時玉米散落，要領是在放上玉米前先將麵糰壓出凹陷，
然後牢牢地將玉米按壓上去。使用筷子進行就很方便。

¥139

材料
（約20×20cm的方模 1個份）

高筋麵粉 … 200g　和基本材料的麵粉量不同。
砂糖 … 1大匙
鹽 … 1小匙
即溶乾酵母 … 1/2小匙
溫水（35℃左右） … 125cc
奶油或乳瑪琳 … 5g

配料

◆玉米（罐頭） … 50g
◆美乃滋 … 20g
◆黑胡椒 … 適量

預先準備

玉米以濾網瀝乾後，用廚房紙巾按壓，去除水氣。混合美乃滋，撒上黑胡椒。

作法

1 將量好的麵粉過篩到攪拌盆中，分開放入鹽和砂糖。傾斜攪拌盆，對著砂糖注入溫水，撒上酵母粉，用手指攪拌混合，使其溶化。途中加入奶油，在攪拌盆中揉成一團後，移至砧板上揉麵，直到麵糰變得光滑為止。放入攪拌盆中，蓋上保鮮膜。

⟫ 在25℃下放置90分鐘

2 用手指輕按，如果會留下痕跡，就將麵糰取至砧板上，重新揉圓並去除空氣，分成8等份。各自重新揉圓後，蓋上徹底擰乾的濕布巾。

⟫ 放置10分鐘

3 用手壓平麵糰，以擀麵棍擀成約5×10cm的橢圓形（a），將兩邊摺向正中間（b），捏合麵糰（c），將捏合處朝下地放入烤模中。用手輕輕按壓（d），鋪上玉米（◆）（e），蓋上濕布巾。連同烤模一起裝入塑膠袋中，綁好袋口。

在冰箱中放置8～14個小時

4 經過8～14個小時後，拿開塑膠袋和布巾，以200℃預熱好的烤箱烘烤18分鐘左右。

a

用擀麵棍擀成橢圓形。

b
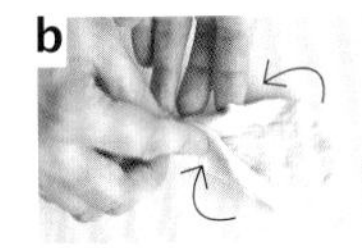

c
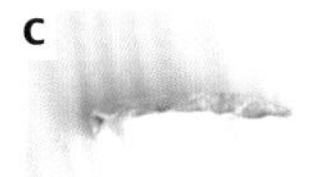

d
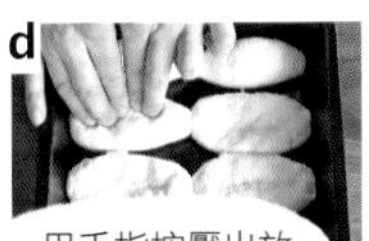
用手指按壓出放置玉米的凹陷。

e

可樂餅小麵包
熱狗小麵包

可樂餅的食材要先做好備用。
做成橢圓狀，包餡時絕對會更加容易。
將西式熱狗放在麵糰上後，
請從上方用力往下壓。

可樂餅小麵包

¥224

材料
（約20×20cm的方模 1個份）

高筋麵粉 … 200g　和基本材料的麵粉量不同。
砂糖 … 1大匙
鹽 … 1小匙
即溶乾酵母 … 1/2小匙
溫水（35℃左右） … 125cc
奶油或乳瑪琳 … 5g

配料

◆馬鈴薯 … 100g
◆牛奶 … 20g
◆火腿 … 20g
◆鹽、胡椒 … 適量
◆乾燥荷蘭芹 … 適量
麵包粉 … 約5g
沙拉油 … 1小匙

預先準備

馬鈴薯水煮後搗成泥，和牛奶與切成1cm方塊的火腿、荷蘭芹混合在一起，用鹽、胡椒調味。分成8等份後，做成橢圓狀，用保鮮膜包好（a）。

作法

1. 將量好的麵粉過篩到攪拌盆中，分開放入鹽和砂糖。傾斜攪拌盆，對著砂糖注入溫水，撒上酵母粉，用手指攪拌混合，使其溶化。途中加入奶油，在攪拌盆中揉成一團後，移至砧板上揉麵，直到麵糰變得光滑為止。放入攪拌盆中，蓋上保鮮膜。

   在25℃下放置90分鐘

2. 用手指輕按，如果會留下痕跡，就將麵糰取至砧板上，重新揉圓並去除空氣，分成8等份。各自重新揉圓後，蓋上徹底擰乾的濕布巾。

   放置10分鐘

3. 用手壓平麵糰，以擀麵棍擀成直徑約10cm的圓形後，放上之前用保鮮膜包好的配料（◆）（b），包入內餡般地捏合麵糰（c、d），表面沾附麵包粉（e），將捏合處朝下地放入烤模中，蓋上濕布巾。連同烤模一起裝入塑膠袋中，綁好袋口。

   在冰箱中放置8～14個小時

4. 經過8～14個小時後，拿開塑膠袋和布巾，要放進烤箱前才薄薄地塗抹一層沙拉油（f），以200℃預熱好的烤箱烘烤18分鐘左右。

a
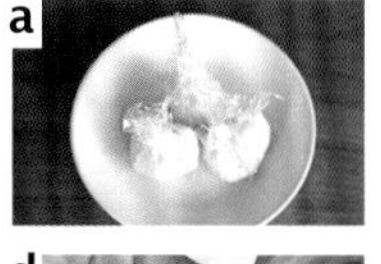
b
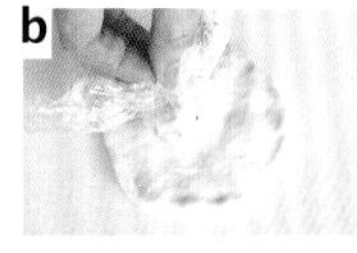
c
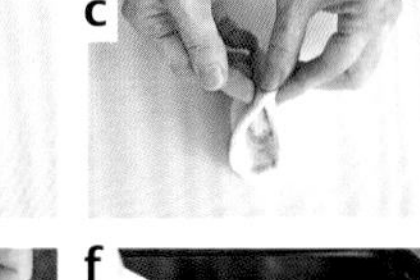
d

e

f

也可以用手延展。

熱狗小麵包

¥335

材料
（約20×20cm的方模 1個份）

高筋麵粉 … 200g　和基本材料的麵粉量不同。
砂糖 … 1大匙
鹽 … 1小匙
即溶乾酵母 … 1/2小匙
溫水（35℃左右） … 125cc
奶油或乳瑪琳 … 5g
西式熱狗 … 8根

裝飾材料

芥末醬 … 適量

作法

1. 將量好的麵粉過篩到攪拌盆中，分開放入鹽和砂糖。傾斜攪拌盆，對著砂糖注入溫水，撒上酵母粉，用手指攪拌混合，使其溶化。途中加入奶油，在攪拌盆中揉成一團後，移至砧板上揉麵，直到麵糰變得光滑為止。放入攪拌盆中，蓋上保鮮膜。

   在25℃下放置90分鐘

2. 用手指輕按，如果會留下痕跡，就將麵糰取至砧板上，重新揉圓並去除空氣，分成8等份。各自重新揉圓後，蓋上徹底擰乾的濕布巾。

   放置10分鐘

3. 用手壓平麵糰，以擀麵棍擀成約5×10cm的橢圓形後，將兩邊摺向正中間，捏合麵糰，將捏合處朝下地放入烤模中。做出凹陷，將西式熱狗壓入麵糰中，蓋上濕布巾。連同烤模一起裝入塑膠袋中，綁好袋口。

   在冰箱中放置8～14個小時

4. 經過8～14個小時後，拿開塑膠袋和布巾，再一次輕輕將西式熱狗壓入麵糰中（a），以200℃預熱好的烤箱烘烤18分鐘左右。

5. 大略放涼後，淋上芥末醬。

a
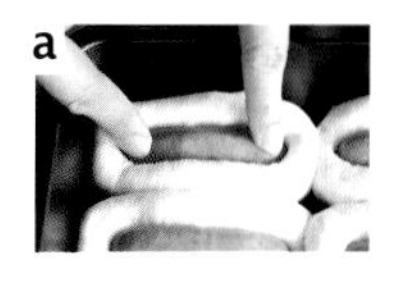

用長條模來烤烤看

烤出活力充沛、鬆軟飽滿的麵包。特色是突出的高度。
不管是鹹麵包還是甜麵包，都是可以讓人吃飽飽的分量。
鬆鬆軟軟、口感輕盈，要小心不要吃過量了哦！

長條模鬆軟手撕麵包

比起用其他模型烘烤，更能烤出分量十足、輕盈蓬鬆的手撕麵包。
如果每次都使用烘焙紙，烤模就能一再使用，經濟實惠也是它的魅力。

材料
（約19×9×高度4cm 長條形紙模 2個份）

高筋麵粉 … 280g
砂糖 … 1大匙
鹽 … 1小匙
即溶乾酵母 … 1/2小匙
溫水（35℃左右）… 180cc
奶油或乳瑪琳 … 5g

作法

1 將量好的麵粉過篩到攪拌盆中，分開放入鹽和砂糖。傾斜攪拌盆，對著砂糖注入溫水，撒上酵母粉，用手指攪拌混合，使其溶化。途中加入奶油，在攪拌盆中揉成一團後，移至砧板上揉麵，直到麵糰變得光滑為止。放入攪拌盆中，蓋上保鮮膜。

»» 在25℃下放置90分鐘

2 用手指輕按，如果會留下痕跡，就將麵糰取至砧板上，重新揉圓並去除空氣，分成6等份。各自重新揉圓後，蓋上徹底擰乾的濕布巾。

»» 放置10分鐘

3 用手壓平麵糰，重新揉圓。將捏合處朝下，3個3個地放入模型中，蓋上濕布巾。連同烤模一起裝入塑膠袋中，綁好袋口。

在冰箱中放置8～14個小時

4 經過8～14個小時後，拿開塑膠袋和布巾，以200℃預熱好的烤箱烘烤18分鐘左右。

早一點先鋪好
就能安心，
以免手忙腳亂。

〈烘焙紙的鋪法（各食譜通用）〉

不同於蛋糕，
麵糰不會稀稀的，
所以只要簡單鋪
一下就可以了。

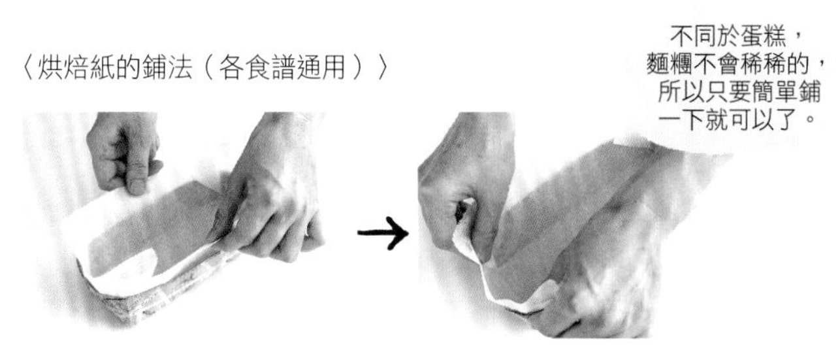

配合長條模的大小鋪上烘焙紙。　將烘焙紙的邊端往外摺。

卡蒙貝爾乳酪黑芝麻手撕麵包
OREO大理石手撕麵包

芝麻的香氣和卡蒙貝爾乳酪很搭配。
雖然也很建議多放一些黑胡椒做成嗆辣的大人口味，
但若是小朋友要吃的，不妨少放一點。
OREO餅乾先用手壓碎，略粗的碎塊不但會
呈現出大理石花紋，也能增添口感，非常美味。

卡蒙貝爾乳酪黑芝麻手撕麵包

材料
（約19×9×高度4cm 長條形紙模　2個份）

高筋麵粉 … 280g
砂糖 … 1大匙
鹽 … 1小匙
即溶乾酵母 … 1/2小匙
溫水（35℃左右） … 180cc
奶油或乳瑪琳 … 5g
黑芝麻 … 2大匙

配料

◆卡蒙貝爾乳酪 … 50g
◆黑胡椒 … 適量

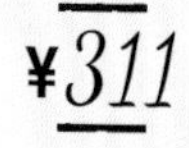

預先準備

將卡蒙貝爾乳酪分成6等份，撒上黑胡椒備用。

作法

1 將量好的麵粉過篩到攪拌盆中，分開放入鹽和砂糖。傾斜攪拌盆，對著砂糖注入溫水，撒上酵母粉，用手指攪拌混合，使其溶化。途中加入奶油，在攪拌盆中揉成一團後，移至砧板上揉麵，直到麵糰變得光滑為止。完成時混入黑芝麻。放入攪拌盆中，蓋上保鮮膜。

黑芝麻的混合方法和p.27的葡萄乾相同。

››› 在25℃下放置90分鐘

2 用手指輕按，如果會留下痕跡，就將麵糰取至砧板上，重新揉圓並去除空氣，分成6等份。各自重新揉圓後，蓋上徹底擰乾的濕布巾。

››› 放置10分鐘

捏合方法請參照p.33。

3 用手壓平麵糰，以擀麵棍擀成直徑約10cm的圓形，包入卡蒙貝爾乳酪（◆），做成圓形。將捏合處朝下，3個3個地放入模型中，蓋上濕布巾。連同烤模一起裝入塑膠袋中，綁好袋口。

在冰箱中放置8～14個小時

4 經過8～14個小時後，拿開塑膠袋和布巾，以200℃預熱好的烤箱烘烤18分鐘左右。

OREO大理石手撕麵包

材料
（約19×9×高度4cm 長條形紙模　2個份）

高筋麵粉 … 280g
砂糖 … 1大匙
鹽 … 1小匙
即溶乾酵母 … 1/2小匙
溫水（35℃左右） … 180cc
奶油或乳瑪琳 … 5g
OREO餅乾 … 32g（3片）

作法

1 將量好的麵粉過篩到攪拌盆中，分開放入鹽和砂糖。傾斜攪拌盆，對著砂糖注入溫水，撒上酵母粉，用手指攪拌混合，使其溶化。途中加入奶油，在攪拌盆中揉成一團後移至砧板上揉麵，直到麵糰變得光滑為止。完成時混入壓碎的OREO餅乾（a、b）。放入攪拌盆中，蓋上保鮮膜。

››› 在25℃下放置90分鐘

2 用手指輕按，如果會留下痕跡，就將麵糰取至砧板上，重新揉圓並去除空氣，分成8等份。各自重新揉圓後，蓋上徹底擰乾的濕布巾。

››› 放置10分鐘

3 用手壓平麵糰，重新揉圓。將捏合處朝下，4個4個地放入烤模中，蓋上濕布巾。連同烤模一起裝入塑膠袋中，綁好袋口。

在冰箱中放置8～14個小時

4 經過8～14個小時後，拿開塑膠袋和布巾，以200℃預熱好的烤箱烘烤18分鐘左右。

a 連同夾心奶油一起壓碎餅乾。

b 分數次將壓碎的餅乾放入攪拌盆中，將麵糰往該處按壓。將黏附餅乾的那一面像要包入內側般地混入麵糰中。反覆進行數次。

¥142

-POUND TYPE-

藍莓乳酪捲麵包

奶油乳酪在捲入時容易滑動，請小心地進行。
果醬使用果肉較多且濃稠的種類，就能呈現出鮮豔的顏色。
以其他的水果果醬來代替也很美味哦！

材料
（約19×9×高度4cm
長條形紙模 2個份）

高筋麵粉 … 280g
砂糖 … 1大匙
鹽 … 1小匙
即溶乾酵母 … 1/2小匙
溫水（35℃左右） … 180cc
奶油或乳瑪琳 … 5g

藍莓乳酪醬
◆奶油乳酪 … 70g
◆藍莓果醬 … 15g
◆細砂糖 … 10g

預先準備

先將◆的奶油乳酪和藍莓果醬、細砂糖充分混合均勻。

作法

1 將量好的麵粉過篩到攪拌盆中，分開放入鹽和砂糖。傾斜攪拌盆，對著砂糖注入溫水，撒上酵母粉，用手指攪拌混合，使其溶化。途中加入奶油，在攪拌盆中揉成一團後，移至砧板上揉麵，直到麵糰變得光滑為止。放入攪拌盆中，蓋上保鮮膜。

》》在25℃下放置90分鐘

2 用手指輕按，如果會留下痕跡，就將麵糰取至砧板上，重新揉圓並去除空氣，分成2等份。各自重新揉圓後，蓋上徹底擰乾的濕布巾。

》》放置10分鐘

3 用手壓平麵糰，以擀麵棍擀成約15×25cm的長方形。留下麵糰邊端5cm，其他部分鋪滿藍莓乳酪醬（◆）（a），從邊端捲起麵糰（b、c）。切成4等份後放入烤模中（d、e、f），蓋上濕布巾。連同烤模一起裝入塑膠袋中，綁好袋口。

在冰箱中放置8～14個小時

4 經過8～14個小時後，拿開塑膠袋和布巾，以200℃預熱好的烤箱烘烤18分鐘左右。

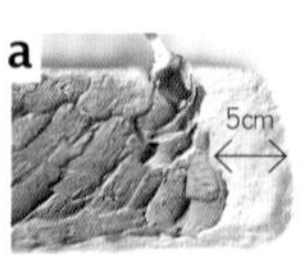

a 留下邊端5cm，其他部分塗滿藍莓乳酪醬。

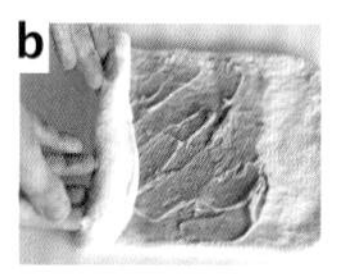

b 慢慢捲起麵糰。

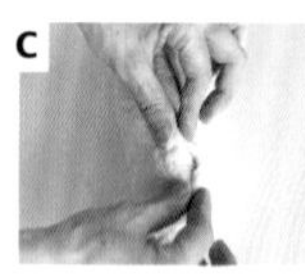

c 將麵糰捏住般地捏緊接合處。

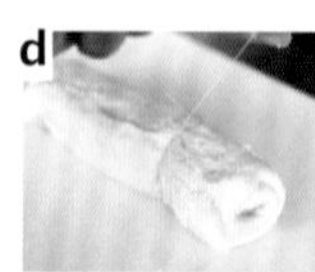

d 用線將麵糰分成4等份。

e 用線來分切，就能避免麵糰變形。

f 切面朝上地排列。

咖啡糖霜捲麵包

簡便的即溶咖啡大展身手！
少量的肉桂粉也是風味的關鍵。
咖啡糖霜最好要濃稠一些，
等麵包完全放涼後再淋上糖霜吧！

材料
（約19×9×高度4cm
長條形紙模 2個份）

高筋麵粉 … 280g
砂糖 … 1大匙
鹽 … 1小匙
即溶乾酵母 … 1/2小匙
溫水（35℃左右） … 180cc
奶油或乳瑪琳 … 5g

咖啡糖粉
◆細砂糖 … 2小匙
◆即溶咖啡 … 1小匙
◆肉桂粉 … 少許

撒料用
杏仁片 … 適量

咖啡糖霜
◇糖粉…1大匙
◇即溶咖啡…1/2小匙
◇水…1小匙

作法

1 將量好的麵粉過篩到攪拌盆中，分開放入鹽和砂糖。傾斜攪拌盆，對著砂糖注入溫水，撒上酵母粉，用手指攪拌混合，使其溶化。途中加入奶油，在攪拌盆中揉成一團後，移至砧板上揉麵，直到麵糰變得光滑為止。放入攪拌盆中，蓋上保鮮膜。

(»») 在25℃下放置90分鐘

2 用手指輕按，如果會留下痕跡，就將麵糰取至砧板上，重新揉圓並去除空氣，分成2等份。各自重新揉圓後，蓋上徹底擰乾的濕布巾。

(»») 放置10分鐘 詳細請參照p.38。

3 用手壓平麵糰，以擀麵棍擀成約15×25cm的長方形。留下麵糰邊端5cm，其他部分鋪滿咖啡糖粉（◆），從邊端捲起麵糰。切成4等份後放入烤模中，蓋上濕布巾。連同烤模一起裝入塑膠袋中，綁好袋口。

在冰箱中放置8～14個小時

4 經過8～14個小時後，拿開塑膠袋和布巾，依個人喜好撒上杏仁片，以200℃預熱好的烤箱烘烤18分鐘左右。

5 放涼後淋上咖啡糖霜（◇）（a）。

預先準備
將◆的細砂糖和即溶咖啡、肉桂粉先混合均勻。◇的糖粉和即溶咖啡、水也先攪拌均勻。

a

奶油煉乳捲麵包

使用煉乳的奶油醬有柔和的甜味，是讓人懷念的點心麵包。
待麵包完全放涼後，用濾茶器撒上糖粉，就漂亮地完成了。
使用不會融化的糖粉，不管經過多久也不會融化消失。

材料
（約19×9×高度4cm
長條形紙模　2個份）

高筋麵粉 … 280g
砂糖 … 1大匙
鹽 … 1小匙
即溶乾酵母 … 1/2小匙
溫水（35℃左右）… 180cc
奶油或乳瑪琳 … 5g

奶油煉乳醬

◆奶油…25g
◆細砂糖…10g
◆煉乳…20g
蔓越莓 … 60g

撒粉用

糖粉 … 適量

預先準備

將◆的奶油和細砂糖、煉乳充分攪拌均勻。

作法

1 將量好的麵粉過篩到攪拌盆中，分開放入鹽和砂糖。傾斜攪拌盆，對著砂糖注入溫水，撒上酵母粉，用手指攪拌混合，使其溶化。途中加入奶油，在攪拌盆中揉成一團後，移至砧板上揉麵，直到麵糰變得光滑為止。放入攪拌盆中，蓋上保鮮膜。

(›››) 在25℃下放置90分鐘

2 用手指輕按，如果會留下痕跡，就將麵糰取至砧板上，重新揉圓並去除空氣，分成2等份。各自重新揉圓後，蓋上徹底擰乾的濕布巾。

(›››) 放置10分鐘

詳細請參照p.38。

3 用手壓平麵糰，擀成約15×25cm的長方形。留下麵糰邊端5cm，其他部分塗抹奶油煉乳醬（◆），鋪滿蔓越莓，從邊端捲起麵糰。切成4等份後放入烤模中，蓋上濕布巾。連同烤模一起裝入塑膠袋中，綁好袋口。

在冰箱中放置8～14個小時

4 經過8～14個小時後，拿開塑膠袋和布巾，以200℃預熱好的烤箱烘烤18分鐘左右。

5 放涼後撒上糖粉。

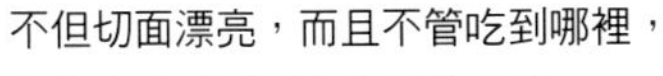

毛豆玉米麵包

毛豆和起司，營養滿點！將配料均等地鋪散在麵糰上，
不但切面漂亮，而且不管吃到哪裡，
都能享受到毛豆和起司的口感。

材料
（約19×9×高度4cm
長條形紙模 2個份）

高筋麵粉 … 280g
砂糖 … 1大匙
鹽 … 1小匙
即溶乾酵母 … 1/2小匙
溫水（35℃左右） … 180cc
奶油或乳瑪琳 … 5g

配料
毛豆 … 90g
火腿 … 2片
玉米（罐頭） … 60g

裝飾材料
披薩用起司絲 … 20g

預先準備

將毛豆從豆莢剝出後進行計量，火腿先切成1cm方形。玉米以濾網瀝乾後，用廚房紙巾按壓，去除水氣。

作法

1 將量好的麵粉過篩到攪拌盆中，分開放入鹽和砂糖。傾斜攪拌盆，對著砂糖注入溫水，撒上酵母粉，用手指攪拌混合，使其溶化。途中加入奶油，在攪拌盆中揉成一團後，移至砧板上揉麵，直到麵糰變得光滑為止。放入攪拌盆中，蓋上保鮮膜。

》》 在25℃下放置90分鐘

2 用手指輕按，如果會留下痕跡，就將麵糰取至砧板上，重新揉圓並去除空氣，分成2等份。各自重新揉圓後，蓋上徹底擰乾的濕布巾。

》》 放置10分鐘

3 用手壓平麵糰，擀成約15×25cm的長方形。留下麵糰邊端5cm，其他部分鋪滿配料（a），從邊端捲起麵糰（b）。將捏合處朝下地放入烤模中，蓋上濕布巾。連同烤模一起裝入塑膠袋中，綁好袋口。

在冰箱中放置8～14個小時

4 經過8～14個小時後，拿開塑膠袋和布巾，要進烤箱前才用刀子劃開一道切口（c），放上起司絲（d），以200℃預熱好的烤箱烘烤18分鐘左右。

a 鋪滿配料。

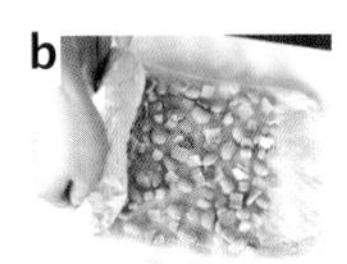
b 慢慢捲起麵糰。

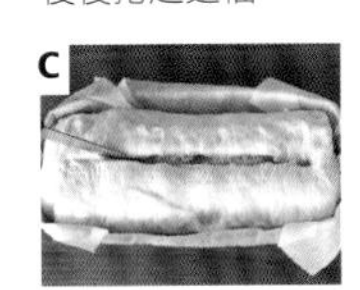
c 用刀子劃開一道切口。

d 沿著切口放上起司絲。

-POUND TYPE-

高麗菜熱狗麵包

高麗菜絲如果切得太細，很容易烤焦，
所以重點在於要切成粗絲。由於微波後會出水，
因此請用廚房紙巾確實吸乾水氣。
否則會成為沒烤熟的原因。

材料
（約19×9×高度4cm
長條形紙模 2個份）

高筋麵粉 … 280g
砂糖 … 1大匙
鹽 … 1小匙
即溶乾酵母 … 1/2小匙
溫水（35℃左右） … 180cc
奶油或乳瑪琳 … 5g

配料
西式熱狗 … 4根
高麗菜 … 100g
顆粒芥末醬 … 20g

裝飾材料
番茄醬 … 適量

預先準備
高麗菜切絲，放進微波爐（500W加熱1分鐘）。大略放涼後，吸乾水氣，與顆粒芥末醬攪拌均勻。

作法

1 將量好的麵粉過篩到攪拌盆中，分開放入鹽和砂糖。傾斜攪拌盆，對著砂糖注入溫水，撒上酵母粉，用手指攪拌混合，使其溶化。途中加入奶油，在攪拌盆中揉成一團後，移至砧板上揉麵，直到麵糰變得光滑為止。放入攪拌盆中，蓋上保鮮膜。

(»») 在25℃下放置90分鐘

2 用手指輕按，如果會留下痕跡，就將麵糰取至砧板上，重新揉圓並去除空氣，分成2等份。各自重新揉圓後，蓋上徹底擰乾的濕布巾。

(»») 放置10分鐘

3 用手壓平麵糰，擀成約15×25cm的長方形。留下麵糰邊端5cm，其他部分鋪滿高麗菜，在一端並排放置2條西式熱狗（a），從邊端捲起麵糰（b）。將捏合處朝下地放入烤模中，蓋上濕布巾。連同烤模一起裝入塑膠袋中，綁好袋口。

在冰箱中放置8～14個小時

4 經過8～14個小時後，拿開塑膠袋和布巾，要進烤箱前才用刀子劃開一道切口（c），淋上番茄醬（d），以200℃預熱好的烤箱烘烤18分鐘左右。

a

b

c
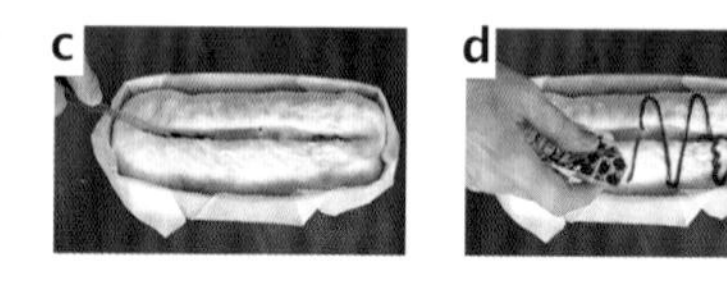
d
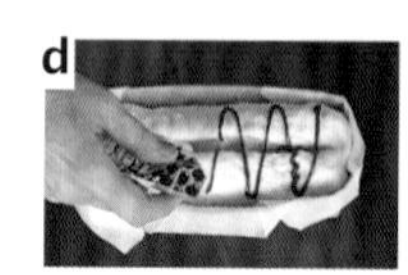

咖哩起司麵包

從製作的時候開始，
咖哩的香氣就讓人胃口大開。
將配料切成相同大小，比較容易捲起，
口感和味道也會變得均一而美味。

材料
（約19×9×高度4cm
長條形紙模 2個份）

高筋麵粉 … 280g
咖哩粉 … 1大匙
砂糖 … 1大匙
鹽 … 1小匙
即溶乾酵母 … 1/2小匙
溫水（35℃左右） … 180cc
奶油或乳瑪琳 … 5g

配料
加工起司 … 60g
洋蔥 … 60g
西式熱狗 … 60g
咖哩粉 … 1小匙

裝飾材料
披薩用起司絲 … 20g

撒粉用
乾燥荷蘭芹 … 適量

作法

1 將量好的麵粉過篩到攪拌盆中，粗略拌入咖哩粉混合後，分開放入鹽和砂糖。傾斜攪拌盆，對著砂糖注入溫水，撒上酵母粉，用手指攪拌混合，使其溶化。途中加入奶油，在攪拌盆中揉成一團後，移至砧板上揉麵，直到麵糰變得光滑為止。放入攪拌盆中，蓋上保鮮膜。

》在25℃下放置90分鐘

2 用手指輕按，如果會留下痕跡，就將麵糰取至砧板上，重新揉圓並去除空氣，分成2等份。各自重新揉圓後，蓋上徹底擰乾的濕布巾。

》放置10分鐘

3 用手壓平麵糰，擀成約15×25cm的長方形，留下麵糰邊端5cm，其他部分鋪滿配料（a），從邊端捲起麵糰（b）。將捏合處朝下地放入烤模中（c），蓋上濕布巾。連同烤模一起裝入塑膠袋中，綁好袋口。

在冰箱中放置8～14個小時

4 經過8～14個小時後，拿開塑膠袋和布巾，要進烤箱前才用刀子劃開一道切口，放上起司絲（d），以200℃預熱好的烤箱烘烤18分鐘左右。

5 依個人喜好撒上荷蘭芹。

預先準備

加工起司和洋蔥切成1cm方塊，西式熱狗切成5mm寬的圓片，與咖哩粉攪拌均勻。

a

b

捏合處朝下地
放入烤模中。

c
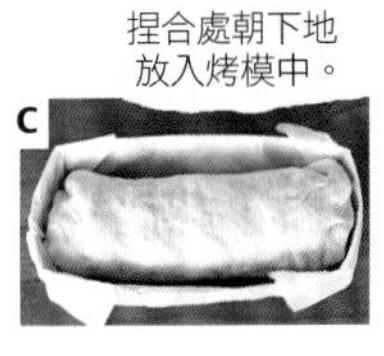

d

白芝麻麻花麵包

白芝麻在混入前先用平底鍋炒出香氣，
吃起來會更加美味，請務必試試看。
扭花時不要只做一半，確實地扭擰就能完成漂亮的麵包。

材料
（約19×9×高度4cm 長條形紙模 2個份）

高筋麵粉 … 280g
砂糖 … 1大匙
鹽 … 1小匙
即溶乾酵母 … 1/2小匙
溫水（35℃左右）… 180cc
奶油或乳瑪琳 … 5g
白芝麻 … 2大匙

白芝麻的混入方法
請參照p.27。

作法

1 將量好的麵粉過篩到攪拌盆中，分開放入鹽和砂糖。傾斜攪拌盆，對著砂糖注入溫水，撒上酵母粉，用手指攪拌混合，使其溶化。途中加入奶油，在攪拌盆中揉成一團後移至砧板上揉麵，直到麵糰變得光滑為止。將白芝麻分數次放入攪拌盆中，麵糰往該處按壓般地混入。放入攪拌盆中，蓋上保鮮膜。

»» 在25℃下放置90分鐘

2 用手指輕按，如果會留下痕跡，就將麵糰取至砧板上，重新揉圓並去除空氣，分成4等份。各自重新揉圓後，蓋上徹底擰乾的濕布巾。

»» 放置10分鐘

3 用手壓平麵糰，以擀麵棍擀成約10×25cm的橢圓形（a），麵糰的兩邊摺向正中間做成三摺（b），抓捏麵糰般地加以捏合（c）。讓兩條麵糰交叉擺放（d）後上下扭擰（e、f）。牢牢抓住邊端，放入烤模中（g），蓋上濕布巾。連同烤模一起裝入塑膠袋中，綁好袋口。

在冰箱中放置8～14個小時

4 經過8～14個小時後，拿開塑膠袋和布巾，以200℃預熱好的烤箱烘烤18分鐘左右。

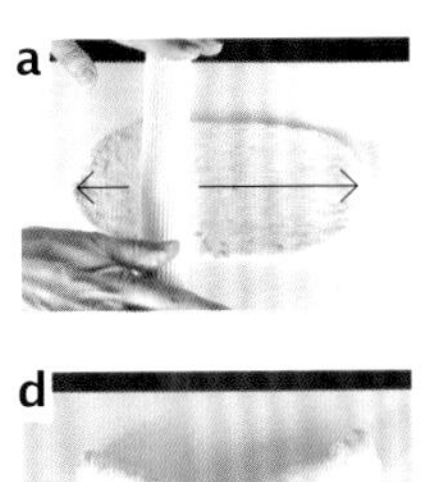
a

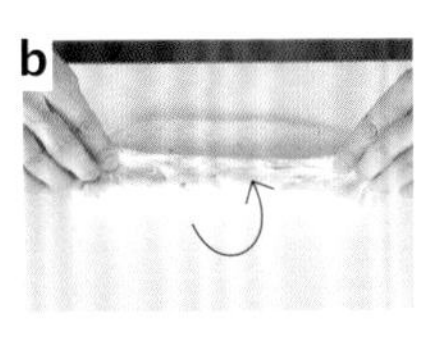
b

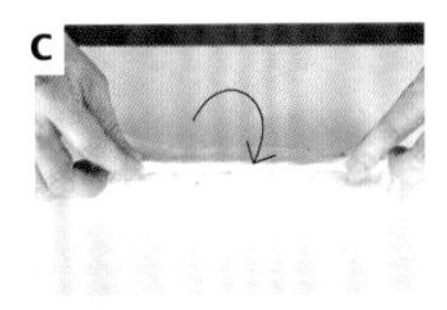
c

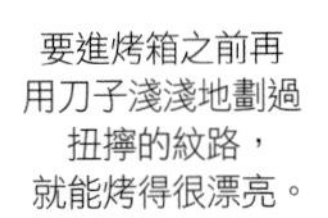
要進烤箱之前再用刀子淺淺地劃過扭擰的紋路，就能烤得很漂亮。

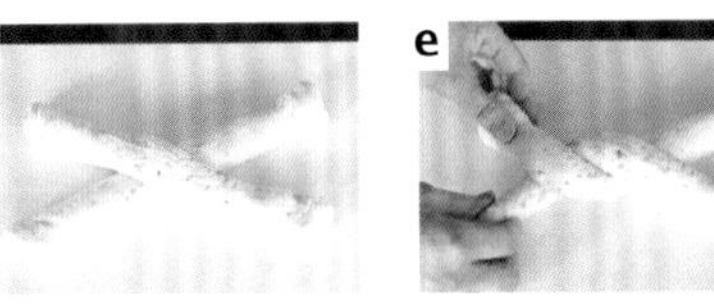
d e

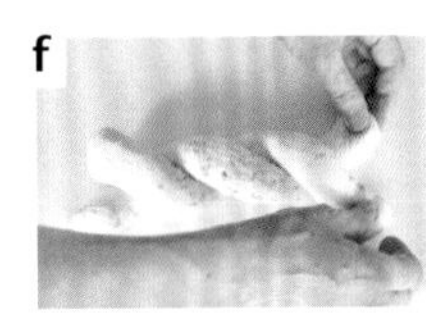
f

g

黑糖肉桂麻花麵包
糖霜麻花麵包

由於麵糰的熱量低，因此就算做成甜甜圈風格也能吃得安心。
想要完成漂亮的黑糖肉桂麻花麵包，重點在於最後的扭花時。
將切口朝上，確實地扭花，就會出現漂亮的花紋。

黑糖肉桂麻花麵包

材料
（約19×9×高度4cm　長條形紙模　2個份）

高筋麵粉 … 280g
砂糖 … 1大匙
鹽 … 1小匙
即溶乾酵母 … 1/2小匙
溫水（35℃左右） … 180cc
奶油或乳瑪琳 … 5g
乳瑪琳 … 20g
黑糖 … 20g
肉桂粉 … 1小匙

作法

1　將量好的麵粉過篩到攪拌盆中，分開放入鹽和砂糖。傾斜攪拌盆，對著砂糖注入溫水，撒上酵母粉，用手指攪拌混合，使其溶化。途中加入奶油，在攪拌盆中揉成一團後，移至砧板上揉麵，直到麵糰變得光滑為止。放入攪拌盆中，蓋上保鮮膜。

　　在25℃下放置90分鐘

2　用手指輕按，如果會留下痕跡，就將麵糰取至砧板上，重新揉圓並去除空氣，分成2等份。各自重新揉圓後，蓋上徹底擰乾的濕布巾。

　　放置10分鐘

3　用手壓平麵糰，以擀麵棍擀成約20×20cm的方形。留下麵糰邊端5cm，其他部分塗抹乳瑪琳，撒滿黑糖和肉桂粉（a），從邊端捲起麵糰（b）。將捏合面朝下後，對半縱切（c、d），切面朝上地扭花後（e），放入烤模中（f），蓋上濕布巾。連同烤模一起裝入塑膠袋中，綁好袋口。

　　在冰箱中放置8～14個小時

4　經過8～14個小時後，拿開塑膠袋和布巾，以200℃預熱好的烤箱烘烤18分鐘左右。

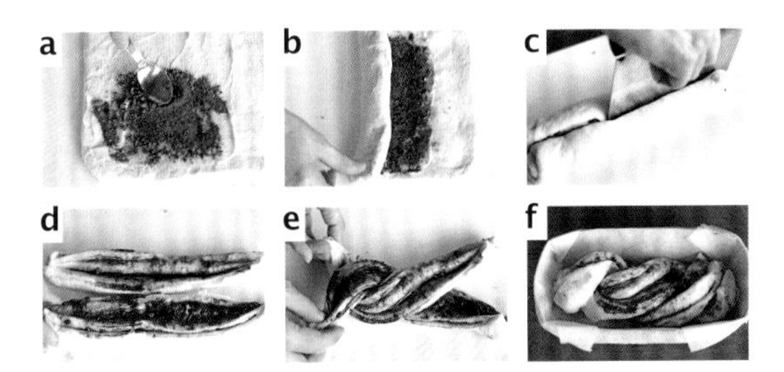

糖霜麻花麵包

材料
（約19×9×高度4cm　長條形紙模　2個份）

高筋麵粉 … 280g
砂糖 … 1大匙
鹽 … 1小匙
即溶乾酵母 … 1/2小匙
溫水（35℃左右） … 180cc
奶油或乳瑪琳 … 5g

裝飾材料

融化的奶油 … 15g
細砂糖 … 2大匙

¥138

作法

1　將量好的麵粉過篩到攪拌盆中，分開放入鹽和砂糖。傾斜攪拌盆，對著砂糖注入溫水，撒上酵母粉，用手指攪拌混合，使其溶化。途中加入奶油，在攪拌盆中揉成一團後，移至砧板上揉麵，直到麵糰變得光滑為止。放入攪拌盆中，蓋上保鮮膜。

　　在25℃下放置90分鐘

2　用手指輕按，如果會留下痕跡，就將麵糰取至砧板上，重新揉圓並去除空氣，分成4等份。各自重新揉圓後，蓋上徹底擰乾的濕布巾。

　　放置10分鐘

3　用手壓平麵糰，以擀麵棍擀成約10×25cm的橢圓形，將兩邊摺向正中間，捏合麵糰，讓兩條麵糰交叉擺放後上下扭擰。牢牢抓住邊端，放入烤模中，蓋上濕布巾。連同烤模一起裝入塑膠袋中，綁好袋口。

　　在冰箱中放置8～14個小時

麵糰的扭花方法
請參照p.45。

4　經過8～14個小時後，拿開塑膠袋和布巾，以200℃預熱好的烤箱烘烤18分鐘左右。

5　趁熱塗抹融化的奶油（a），大略放涼後，放進裝有細砂糖的塑膠袋中進行沾裹（b）。

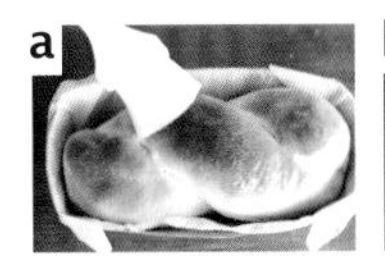

用琺瑯烤盤來烤烤看

不管是什麼麵包，都能烤出側面口感紮實的高品質，真是太好了！
對初學製作麵包的人來說，或許是最好的夥伴也不一定。
烤好放涼後，可以裝入烤模中攜帶，所以要送人時也非常好用。

PORCELAIN

chapter

3

-PORCELAIN-

琺瑯烤盤Q彈手撕麵包

琺瑯烤盤烘烤而成的Q彈獨特口感是其魅力。
是可以做成三明治，只要蓋上蓋子就能帶去當午餐的簡便手撕麵包。

材料
（外部尺寸約18×12×高度5cm 琺瑯烤盤2個份）

高筋麵粉 … 280g
砂糖 … 1大匙
鹽 … 1小匙
即溶乾酵母 … 1/2小匙
溫水（35℃左右）… 180cc
奶油或乳瑪琳 … 5g

若是沒有高度的琺瑯烤盤，
麵糰會黏在蓋子上，
所以要和其他模型一樣，
連同烤模一起裝入塑膠袋中，
綁好袋口。

作法

1 將量好的麵粉過篩到攪拌盆中，分開放入鹽和砂糖。傾斜攪拌盆，對著砂糖注入溫水，撒上酵母粉，用手指攪拌混合，使其溶化。途中加入奶油，在攪拌盆中揉成一團後，移至砧板上揉麵，直到麵糰變得光滑為止。放入攪拌盆中，蓋上保鮮膜。

》》》在25℃下放置90分鐘

2 用手指輕按，如果會留下痕跡，就將麵糰取至砧板上，重新揉圓並去除空氣，分成12等份。各自重新揉圓後（a），蓋上徹底擰乾的濕布巾。

》》》放置10分鐘

3 用手壓平麵糰（b、c），重新揉圓。將捏合處朝下，6個6個地放入烤模中（d），蓋上附屬的蓋子（e）。

在冰箱中放置8～14個小時

4 經過8～14個小時後，拿開蓋子，以200℃預熱好的烤箱烘烤18分鐘左右。

如果有蓋蓋子，就不需要用到濕布巾了。

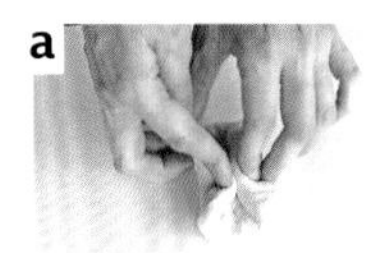
a 將分切時切開的部分捏合，隱藏切面般地揉圓。

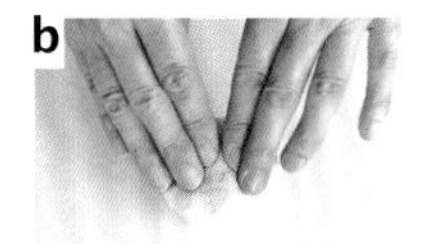
b 將麵糰的捏合處朝上。

c 輕輕拍打般地去除空氣，做成扁圓形。

d 將麵糰貼著琺瑯烤盤的內側排列。

e 蓋上蓋子。

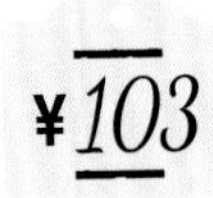

橙香手撕麵包

加入橙皮的清爽口味。
以橙片做裝飾，充滿華麗風格的麵包，很適合做為禮物！
蓋上蓋子就能帶著走，非常方便。

材料
（外部尺寸約18×12×高度5cm 琺瑯烤盤2個份）

高筋麵粉 … 280g
砂糖 … 1大匙
鹽 … 1小匙
即溶乾酵母 … 1/2小匙
溫水（35℃左右）… 180cc
奶油或乳瑪琳 … 5g
乾燥橙皮 … 50g
蜜漬橙片 … 2片

撒料用

開心果 … 適量

預先準備

乾燥橙皮先切成小塊。蜜漬橙片每片切成6等份。開心果切碎。

作法

1 將量好的麵粉過篩到攪拌盆中，分開放入鹽和砂糖。傾斜攪拌盆，對著砂糖注入溫水，撒上酵母粉，用手指攪拌混合，使其溶化。途中加入奶油，在攪拌盆中揉成一團後，移至砧板上揉麵，直到麵糰變得光滑為止。將橙皮分數次放進攪拌盆中（a），麵糰往該處按壓般地混入（b），蓋上保鮮膜。

橙皮的混入方法和p.27相同。

⟫ 在25℃下放置90分鐘

2 用手指輕按，如果會留下痕跡，就將麵糰取至砧板上，重新揉圓並去除空氣，分成12等份。各自重新揉圓後，蓋上徹底擰乾的濕布巾。

⟫ 放置10分鐘

3 用手壓平麵糰，重新揉圓。將捏合處朝下，6個6個地放入烤模中，放上蜜漬橙片（c），蓋上附屬的蓋子。

在冰箱中放置8～14個小時

4 經過8～14個小時後，拿開蓋子，要進烤箱之前才撒上開心果（d），以200℃預熱好的烤箱烘烤18分鐘左右。

a

b
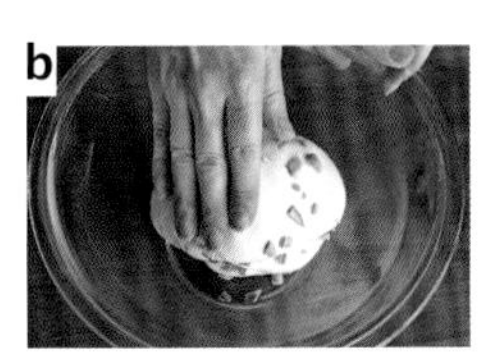
c

d

大阪燒風味麵包

重點是用叉子戳洞以免麵糰過度膨脹。
高麗菜經過烘烤體積就會變小，所以就算放得滿滿的也不用擔心。
最後放上柴魚片和海苔粉，就和大阪燒一模一樣。

作法

1 將量好的麵粉過篩到攪拌盆中，分開放入鹽和砂糖。傾斜攪拌盆，對著砂糖注入溫水，撒上酵母粉，用手指攪拌混合，使其溶化。途中加入奶油，在攪拌盆中揉成一團後，移至砧板上揉麵，直到麵糰變得光滑為止。放入攪拌盆中，蓋上保鮮膜。

»» 在25℃下放置90分鐘

2 用手指輕按，如果會留下痕跡，就將麵糰取至砧板上，重新揉圓並去除空氣，分成2等份。各自重新揉圓後，蓋上徹底擰乾的濕布巾。

»» 放置10分鐘

3 用手壓平麵糰，以擀麵棍擀到和烤模一樣大，放入烤模中（a），用叉子將麵糰整體戳出小洞（b），蓋上附屬的蓋子。

在冰箱中放置8～14個小時

4 經過8～14個小時後，拿開蓋子，要進烤箱之前才在表面塗抹中濃醬（c），放上高麗菜和紅薑（d），以200℃預熱好的烤箱烘烤18分鐘左右。

使用大阪燒專用的醬汁會更加美味。

5 大略放涼後，擠上美乃滋（e），撒上柴魚片和海苔粉。

材料
（外部尺寸約18×12×高度5cm 珐瑯烤盤2個份）

高筋麵粉 … 200g
砂糖 … 1大匙
鹽 … 1小匙
即溶乾酵母 … 1/2小匙
溫水（35℃左右） … 125cc
奶油或乳瑪琳 … 5g

和基本材料的麵粉量不同。

中濃醬 … 適量
高麗菜 … 100g
紅薑 … 適量
美乃滋 … 適量

撒料用
柴魚片 … 適量
海苔粉 … 適量

預先準備
高麗菜切成粗絲。
烤盤先鋪好烘焙紙。

以方便取出麵糰。

前一天先做到這裡。

a
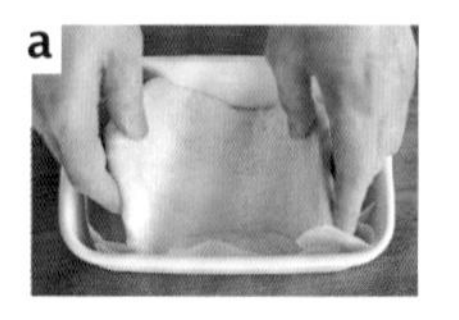
b

c

d

e

法式鹹派風味麵包

將麵糰當作容器般，倒入配料和蛋奶汁。
為了避免蛋奶汁流出麵糰外，要讓麵糰沿著烤盤的邊緣立起，
像容器一般地進行延展。

¥295

材料
（外部尺寸約18×12×高度5cm 琺瑯烤盤2個份）

高筋麵粉 … 200g
砂糖 … 1大匙
鹽 … 1小匙
即溶乾酵母 … 1/2小匙
溫水（35℃左右）… 125cc
奶油或乳瑪琳 … 5g

和基本材料的麵粉量不同。

鮪魚罐頭（1罐份）… 70g
洋蔥 … 1/4顆
蛋奶汁
◆牛奶 … 20g
◆蛋 … 1顆
◆鹽、胡椒 … 適量
撒料用
起司粉 … 2小匙
乾燥荷蘭芹 … 適量

作法

1 將量好的麵粉過篩到攪拌盆中，分開放入鹽和砂糖。傾斜攪拌盆，對著砂糖注入溫水，撒上酵母粉，用手指攪拌混合，使其溶化。途中加入奶油，在攪拌盆中揉成一團後，移至砧板上揉麵，直到麵糰變得光滑為止。放入攪拌盆中，蓋上保鮮膜。

》在25℃下放置90分鐘

2 用手指輕按，如果會留下痕跡，就將麵糰取至砧板上，重新揉圓並去除空氣，分成2等份。各自重新揉圓後，蓋上徹底擰乾的濕布巾。

》放置10分鐘

3 用手壓平麵糰，以擀麵棍擀到比烤模大上一圈（a），放入烤模中（b），用叉子在底面戳出小洞（c），放上配料（d）。蓋上附屬的蓋子。

在冰箱中放置8～14個小時

4 經過8～14個小時後，拿開蓋子，要進烤箱之前才倒入蛋奶汁（e），撒上起司粉，以200℃預熱好的烤箱烘烤18分鐘左右。

5 依個人喜好撒上乾燥荷蘭芹。

重點是讓麵糰變成容器般地將側面做出高度！

預先準備

鮪魚罐頭瀝油備用。洋蔥切成細絲，先和鮪魚拌合。
蛋奶汁（◆）充分攪拌均勻。烤盤先鋪好烘焙紙。

前一天先做到這裡。

a
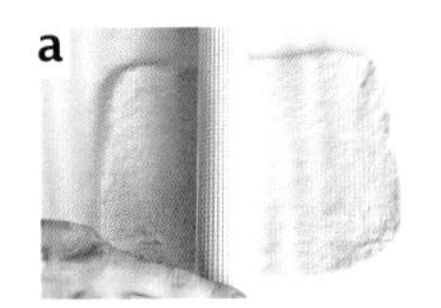

b

c

d

e
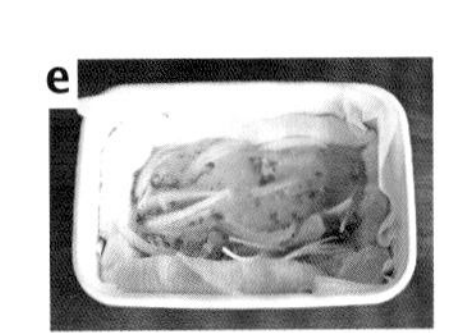

鬆軟的香柔吐司風味

想要做出美觀均衡的香柔吐司風味，
必須準確計算整體的重量，均等分切，讓麵糰的厚度一致，
形成同樣的粗細，就能烤出漂亮的麵包。

¥78

本食譜的麵糰會隆起，所以不使用附屬的蓋子。

材料
（外部尺寸約18×12×高度5cm 琺瑯烤盤1個份）

高筋麵粉 … 200g
砂糖 … 1大匙
鹽 … 1小匙
即溶乾酵母 … 1/2小匙
溫水（35℃左右）… 125cc
奶油或乳瑪琳 … 5g

和基本材料的麵粉量不同。

作法

1 將量好的麵粉過篩到攪拌盆中，分開放入鹽和砂糖。傾斜攪拌盆，對著砂糖注入溫水，撒上酵母粉，用手指攪拌混合，使其溶化。途中加入奶油，在攪拌盆中揉成一團後，移至砧板上揉麵，直到麵糰變得光滑為止。放入攪拌盆中，蓋上保鮮膜。

⟫ 在25℃下放置90分鐘

2 用手指輕按，如果會留下痕跡，就將麵糰取至砧板上，重新揉圓並去除空氣，分成2等份。各自重新揉圓後，蓋上徹底擰乾的濕布巾。

⟫ 放置10分鐘

3 用手壓平麵糰，以擀麵棍擀成約16×16cm的正方形（a、b），從邊端捲起麵糰（c），讓捏合處朝下，2條並排地放進烤模中（d），蓋上濕布巾。連同烤模一起放入塑膠袋中，綁好袋口。

在冰箱中放置8～14個小時

4 經過8～14個小時後，拿開塑膠袋和布巾，以200℃預熱好的烤箱烘烤18分鐘左右。

放入烤箱前約放置20分鐘，麵糰就會更加膨起。

a

b
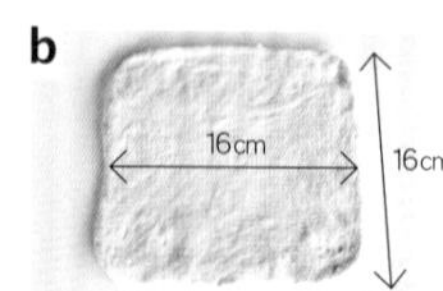

c
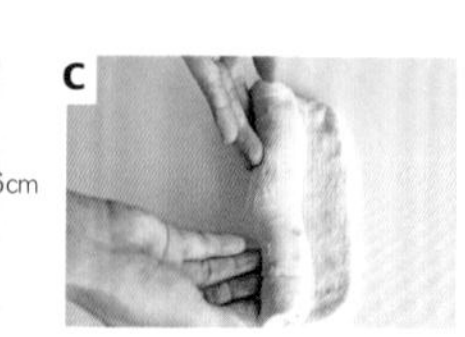

d

黑胡椒香柔吐司風味

烤好後的可愛模樣，做成三明治感覺也很新鮮。
建議做成簡單樸實的三明治。

¥143

本食譜的麵糰會隆起，所以不使用附屬的蓋子。

材料
（外部尺寸約18×12×高度5cm 琺瑯烤盤1個份）

高筋麵粉 … 200g
和基本材料的麵粉量不同。
黑胡椒 … 1小匙
砂糖 … 1大匙
鹽 … 1小匙
即溶乾酵母 … 1/2小匙
溫水（35℃左右）… 125cc
奶油或乳瑪琳 … 5g
起司粉 … 2小匙

作法

1 將量好的麵粉過篩到攪拌盆中，粗略混合黑胡椒後，將鹽和砂糖分開放入。傾斜攪拌盆，對著砂糖注入溫水，撒上酵母粉，用手指攪拌混合，使其溶化。途中加入奶油，在攪拌盆中揉成一團後，移至砧板上揉麵，直到麵糰變得光滑為止。放入攪拌盆中，蓋上保鮮膜。

》》在25℃下放置90分鐘

2 用手指輕按，如果會留下痕跡，就將麵糰取至砧板上，重新揉圓並去除空氣，分成2等份。各自重新揉圓後，蓋上徹底擰乾的濕布巾。

》》放置10分鐘

3 用手壓平麵糰，以擀麵棍擀成約16×16cm的正方形。留下麵糰邊端1～2cm，其餘部分撒上起司粉，從邊端捲起麵糰。讓捏合處朝下，2條並排地放入烤模中，蓋上濕布巾。連同烤模一起放入塑膠袋中，綁好袋口。

在冰箱中放置8～14個小時

4 經過8～14個小時後，拿開塑膠袋和布巾，以200℃預熱好的烤箱烘烤18分鐘左右。

放入烤箱前約放置20分鐘，麵糰就會更加膨起。

¥371

¥361

紅茶蘋果杏仁霜麵包
水蜜桃杏仁霜麵包

這是有如奢華蛋糕般的麵包。紅茶請使用茶葉細小的種類。
蘋果如果切得太薄，烘烤之後會變硬，請注意。
水蜜桃用廚房紙巾確實吸乾水氣，比較容易進行作業。

紅茶蘋果杏仁霜麵包

材料
（約18×12×高度5cm 琺瑯烤盤 2個份）

高筋麵粉 … 200g　和基本材料的麵粉量不同。
紅茶茶葉 … 4g
砂糖 … 1大匙
鹽 … 1小匙
即溶乾酵母 … 1/2小匙
溫水（35℃左右） … 125cc
奶油或乳瑪琳 … 5g

蘋果 … 1顆
砂糖 … 90g
水 … 120g

杏仁霜
◆奶油 … 10g
◆砂糖 … 30g
◆蛋汁 … 15g
◆杏仁粉 … 30g

預先準備

蘋果切成約3mm厚的月牙片。在耐熱容器中放入蘋果和砂糖、水，以500W的微波爐加熱3～4分鐘，待蘋果變軟後取出，用廚房紙巾按壓，確實吸乾水氣，放置備用。依序加入◆的奶油和砂糖、蛋汁、杏仁粉，每次都要充分攪拌均勻。烤模先鋪好烘焙紙。

作法

1 將量好的麵粉過篩到攪拌盆中，粗略混合紅茶茶葉後，將鹽和砂糖分開放入。傾斜攪拌盆，對著砂糖注入溫水，撒上酵母粉，用手指攪拌混合，使其溶化。途中加入奶油，在攪拌盆中揉成一團後，移至砧板上揉麵，直到麵糰變得光滑為止。放入攪拌盆中，蓋上保鮮膜。

(›››) 在25℃下放置90分鐘

2 用手指輕按，如果會留下痕跡，就將麵糰取至砧板上，重新揉圓並去除空氣，分成2等份。各自重新揉圓後，蓋上徹底擰乾的濕布巾。

(›››) 放置10分鐘

3 用手壓平麵糰，以擀麵棍擀成比烤模稍大，放入烤模中，塗抹杏仁霜（a、b）。蓋上附屬的蓋子。

在冰箱中放置8～14個小時

4 經過8～14個小時後，拿開蓋子，要進烤箱之前才鋪上蘋果片（c），以200℃預熱好的烤箱烘烤18分鐘左右。

a
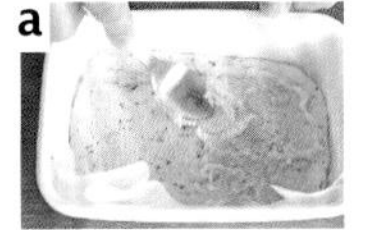
b

c

水蜜桃杏仁霜麵包

材料
（約18×12×高度5cm 琺瑯烤盤 2個份）

高筋麵粉 … 280g　和基本材料的麵粉量不同。
砂糖 … 1大匙
鹽 … 1小匙
即溶乾酵母 … 1/2小匙
溫水（35℃左右） … 125cc
奶油或乳瑪琳 … 5g

水蜜桃（罐頭） … 1罐

杏仁霜
◆奶油…10g
◆砂糖…30g
◆蛋汁…15g
◆杏仁粉…30g

撒料用
開心果 … 適量

預先準備

水蜜桃切成約3mm厚的月牙片，用廚房紙巾按壓，確實吸乾水氣，放置備用。依序加入◆的奶油和砂糖、蛋汁、杏仁粉，每次都要充分攪拌均勻。開心果切碎。烤模先鋪好烘焙紙。

作法

1 將量好的麵粉過篩到攪拌盆中，分開放入鹽和砂糖。傾斜攪拌盆，對著砂糖注入溫水，撒上酵母粉，用手指攪拌混合，使其溶化。途中加入奶油，在攪拌盆中揉成一團後，移至砧板上揉麵，直到麵糰變得光滑為止。放入攪拌盆中，蓋上保鮮膜。

(›››) 在25℃下放置90分鐘

2 用手指輕按，如果會留下痕跡，就將麵糰取至砧板上，重新揉圓並去除空氣，分成2等份。各自重新揉圓後，蓋上徹底擰乾的濕布巾。

(›››) 放置10分鐘

3 用手壓平麵糰，以擀麵棍擀成比烤模稍大，放入烤模中，塗抹杏仁霜。蓋上附屬的蓋子。

在冰箱中放置8～14個小時

4 經過8～14個小時後，拿開蓋子，要進烤箱之前才鋪上水蜜桃片（a），以200℃預熱好的烤箱烘烤18分鐘左右。

5 大略放涼後，依個人喜好撒上開心果。

a

用鑄鐵平底鍋來烤烤看

製作小份食譜時非常活躍的鑄鐵平底鍋，其實也可以烤出
美味的麵包。除了手撕麵包之外，一整塊進行烘烤，
可以將麵包烤成漂亮膨起的圓頂形，在餐桌上格外顯眼。

SKILLET

chapter

4

鑄鐵平底鍋水滴麵包

熟悉的手撕麵包，只要放進當紅的鑄鐵平底鍋中烘烤，就可以烤出和以往感覺完全不同的手撕麵包。想要可愛地完成，重點在於要非常均等地放入麵糰。

材料
（直徑約16cm的鑄鐵平底鍋 2個份）

高筋麵粉 … 280g
砂糖 … 1大匙
鹽 … 1小匙
即溶乾酵母 … 1/2小匙
溫水（35℃左右）… 180cc
奶油或乳瑪琳 … 5g

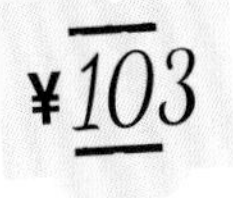

作法

1 將量好的麵粉過篩到攪拌盆中，分開放入鹽和砂糖。傾斜攪拌盆，對著砂糖注入溫水，撒上酵母粉，用手指攪拌混合，使其溶化。途中加入奶油，在攪拌盆中揉成一團後，移至砧板上揉麵，直到麵糰變得光滑為止。放入攪拌盆中，蓋上保鮮膜。

在25℃下放置90分鐘

2 用手指輕按，如果會留下痕跡，就將麵糰取至砧板上，重新揉圓並去除空氣，分成12等份。各自重新揉圓後，蓋上徹底擰乾的濕布巾。

放置10分鐘

3 用手壓平麵糰，重新揉圓。將捏合處朝下，6個6個地放入平底鍋中（a），蓋上濕布巾。連同平底鍋一起裝入塑膠袋中，綁好袋口。

在冰箱中放置8～14個小時

4 經過8～14個小時後，拿開塑膠袋和布巾（b），以200℃預熱好的烤箱烘烤18分鐘左右。

麵糰的側面彼此貼合約3cm即可。

香蕉巧克力麵包

只要包入香蕉和巧克力，就能變成美味入口即融的甜麵包。
不要過於貪心地包入太多配料，就是烤出美麗外型的重點。
完成後撒上糖粉，馬上就能營造華麗感。

¥233

材料
（直徑約16cm的鑄鐵平底鍋 2個份）

高筋麵粉 … 270g
可可粉 … 1大匙
砂糖 … 1大匙
鹽 … 1小匙
即溶乾酵母 … 1/2小匙
溫水（35℃左右）… 180cc
奶油或乳瑪琳 … 5g

配料
巧克力片 … 約30g
香蕉 … 1根

撒粉用
糖粉 … 適量

預先準備

香蕉1根切成14等份的圓片，
巧克力片也分成14等份。

作法

1 將量好的高筋麵粉過篩到攪拌盆中，粗略混合可可粉後，將鹽和砂糖分開放入。傾斜攪拌盆，對著砂糖注入溫水，撒上酵母粉，用手指攪拌混合，使其溶化。途中加入奶油，移至砧板上揉麵，直到麵糰變得光滑為止。放入攪拌盆中，蓋上保鮮膜。

(›››) 在25℃下放置90分鐘

2 用手指輕按，如果會留下痕跡，就將麵糰取至砧板上，重新揉圓並去除空氣，分成14等份。各自重新揉圓後，蓋上徹底擰乾的濕布巾。

(›››) 放置10分鐘

3 用手壓平麵糰，以擀麵棍擀成直徑約7cm的圓形。放上巧克力和香蕉（a、b），包入並揉成圓形（c、d）。將捏合處朝下，7個7個地放入平底鍋中，蓋上濕布巾。連同平底鍋一起裝入塑膠袋中，綁好袋口。

在冰箱中放置8～14個小時

4 經過8～14個小時後，拿開塑膠袋和布巾（e），以200℃預熱好的烤箱烘烤18分鐘左右。

5 放涼後撒上糖粉。

a
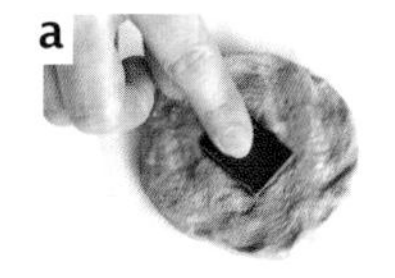

b
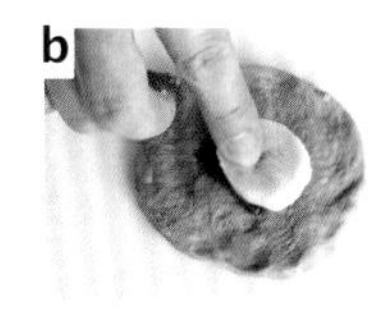

c
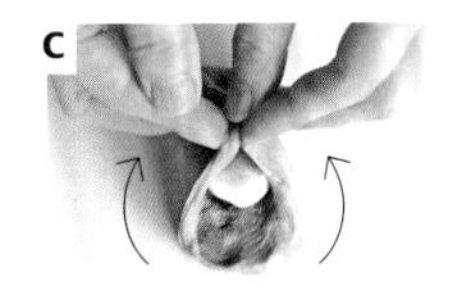

d
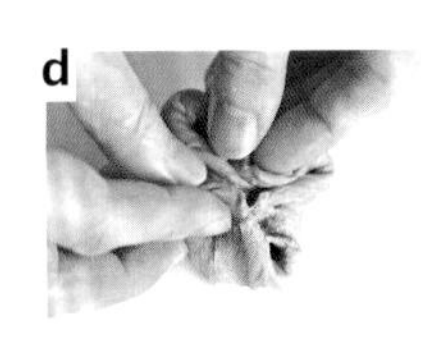

e

佛卡夏麵包
～橄欖油～

用手指在麵糰上戳出凹洞時，必須迅速確實。
要是停留太久的話，麵糰就會黏在手指上。
佛卡夏的鹽和橄欖油一定要使用美味的產品。
建議使用稍粗的岩鹽。

材料
（直徑約16cm的鑄鐵平底鍋　2個份）

高筋麵粉 … 280g
砂糖 … 1大匙
鹽 … 1小匙
即溶乾酵母 … 1/2小匙
溫水（35℃左右） … 180cc
橄欖油 … 1小匙

撒料用

橄欖油 … 適量
岩鹽 … 適量
乾燥迷迭香 … 適量

作法

1 將量好的麵粉過篩到攪拌盆中，分開放入鹽和砂糖。傾斜攪拌盆，對著砂糖注入溫水，撒上酵母粉，用手指攪拌混合，使其溶化。途中加入橄欖油，在攪拌盆中揉成一團後，移至砧板上揉麵，直到麵糰變得光滑為止。放入攪拌盆中，蓋上保鮮膜。

(›››) 在25℃下放置90分鐘

2 用手指輕按，如果會留下痕跡，就將麵糰取至砧板上，重新揉圓並去除空氣，分成2等份。各自重新揉圓後，蓋上徹底擰乾的濕布巾。

(›››) 放置10分鐘

3 用手壓平麵糰，以擀麵棍擀成直徑約12cm的圓形後，放入平底鍋中，蓋上濕布巾。連同平底鍋一起裝入塑膠袋中，綁好袋口。

在冰箱中放置8～14個小時

4 經過8～14個小時後，拿開塑膠袋和布巾，在麵糰上戳出凹洞（a），塗抹橄欖油（b），撒上岩鹽（c）和迷迭香，以200℃預熱好的烤箱烘烤18分鐘左右。

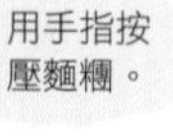

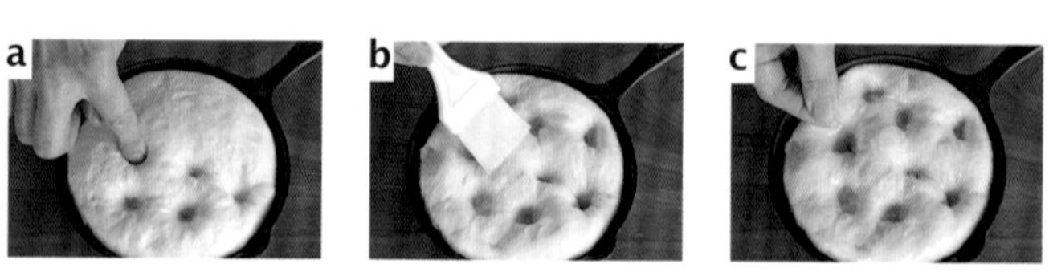
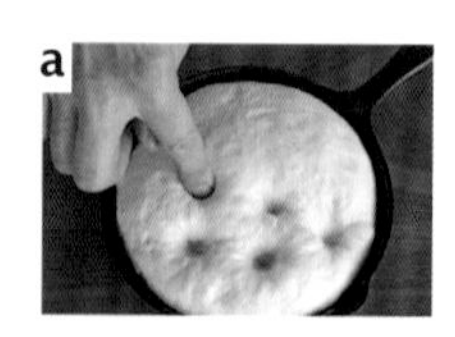

佛卡夏麵包～砂糖奶油～

砂糖奶油口味在製作時不在意熱量地
使用了大量砂糖＋奶油，吃起來非常美味。
使用發酵奶油，更能享受奢華的風味喲！

材料
（直徑約16cm的鑄鐵平底鍋　2個份）

高筋麵粉 … 280g
砂糖 … 1大匙
鹽 … 1小匙
即溶乾酵母 … 1/2小匙
溫水（35℃左右） … 180cc
橄欖油 … 1小匙

撒料用
細砂糖 … 適量
奶油或乳瑪琳 … 適量

作法

1 將量好的麵粉過篩到攪拌盆中，分開放入鹽和砂糖。傾斜攪拌盆，對著砂糖注入溫水，撒上酵母粉，用手指攪拌混合，使其溶化。途中加入橄欖油，在攪拌盆中揉成一團後，移至砧板上揉麵，直到麵糰變得光滑為止。放入攪拌盆中，蓋上保鮮膜。

›››在25℃下放置90分鐘

2 用手指輕按，如果會留下痕跡，就將麵糰取至砧板上，重新揉圓並去除空氣，分成2等份。各自重新揉圓後，蓋上徹底擰乾的濕布巾。

›››放置10分鐘

3 用手壓平麵糰，以擀麵棍擀成直徑約12cm的圓形後，放入平底鍋中，蓋上濕布巾。連同平底鍋一起裝入塑膠袋中，綁好袋口。

在冰箱中放置8～14個小時

4 經過8～14個小時後，拿開塑膠袋和布巾，在麵糰上戳出凹洞，放上切成小塊的奶油（a、b），撒上細砂糖（c），以200℃預熱好的烤箱烘烤18分鐘左右。

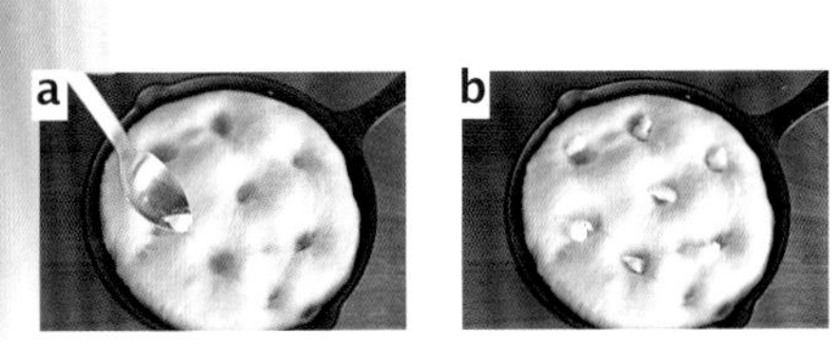

繪本中出現的鬆軟麵包

砂糖和奶油的量都增加，而且使用了蛋，這在Backe的食譜中是很少見的組合，
因此可能有點不太容易揉麵，不過很快就能形成一團，請不用緊張！
這是非常柔軟的麵包，所以從平底鍋中取出的時候，請動作輕柔地處理。

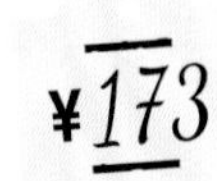

材料
（直徑約16cm的鑄鐵平底鍋 2個份）

高筋麵粉 … 280g
砂糖 … 2大匙
鹽 … 1小匙
即溶乾酵母 … 1/2小匙
◆溫水（35℃左右）… 80cc
◆牛奶（35℃左右）… 80g
蛋汁 … 30g
奶油 … 25g

預先準備

◆的溫水和牛奶混合後保持在35℃左右。

作法

1 將量好的麵粉過篩到攪拌盆中，分開放入鹽和砂糖。傾斜攪拌盆，對著砂糖注入溫水，倒入◆和蛋汁（a、b），撒上酵母粉（c），用手指攪拌混合，使其溶化（d）。途中加入奶油（e、f），在攪拌盆中揉成一團後，移至砧板上揉麵，直到麵糰變得光滑為止。放入攪拌盆中，蓋上保鮮膜。

》》》在25℃下放置90分鐘

2 用手指輕按，如果會留下痕跡，就將麵糰取至砧板上，重新揉圓並去除空氣，分成2等份。各自重新揉圓後，蓋上徹底擰乾的濕布巾。

》》》放置10分鐘

3 用手壓平麵糰，以擀麵棍擀成直徑約12cm的圓形後，放入平底鍋中，蓋上濕布巾。連同平底鍋一起裝入塑膠袋中，綁好袋口。

在冰箱中放置8～14個小時

4 經過8～14個小時後，拿開塑膠袋和布巾，以200℃預熱好的烤箱烘烤18分鐘左右。

只要酵母粉沒有
浮起來就可以了！
迅速溶化後，
快速地將材料揉成一團。

A

A
漢堡肉披薩風味

為了和配料有均衡的比例，麵糰會比基本分量還少。
漢堡肉是切開後才放上去的，所以容易煮熟也很方便食用。
使用晚餐的剩菜或冷凍漢堡肉也可以烘烤得非常好吃。

¥101

材料
（直徑約16cm的鑄鐵平底鍋 2個份）

高筋麵粉 … 140g
砂糖 … 1/2大匙
鹽 … 1/2小匙
即溶乾酵母 … 1/4小匙
溫水（35℃左右） … 90cc
奶油或乳瑪琳 … 2g

和基本材料的麵粉量不同。

配料
漢堡肉 … 2小塊

使用前一天晚餐的剩菜或是市售的冷凍漢堡肉。

裝飾材料
披薩用起司絲 … 適量

撒料用
荷蘭芹 … 適量

乾燥荷蘭芹也可以。

預先準備
漢堡肉先切成2cm左右的方塊。

作法

1 將量好的麵粉過篩到攪拌盆中，分開放入鹽和砂糖。傾斜攪拌盆，對著砂糖注入溫水，撒上酵母粉，用手指攪拌混合，使其溶化。途中加入橄欖油，在攪拌盆中揉成一團後，移至砧板上揉麵，直到麵糰變得光滑為止。放入攪拌盆中，蓋上保鮮膜。

》》在25℃下放置90分鐘

2 用手指輕按，如果會留下痕跡，就將麵糰取至砧板上，重新揉圓並去除空氣，分成2等份。各自重新揉圓後，蓋上徹底擰乾的濕布巾。

》》放置10分鐘

3 用手壓平麵糰，以擀麵棍擀成直徑約12cm的圓形後，放入平底鍋中，蓋上濕布巾。連同平底鍋一起裝入塑膠袋中，綁好袋口。

在冰箱中放置8～14個小時

4 經過8～14個小時後，拿開塑膠袋和布巾，放上漢堡肉和起司絲（a、b、c），以200℃預熱好的烤箱烘烤15分鐘左右。

5 依個人喜好放上荷蘭芹。

因為容易焦掉，所以要縮短烘烤時間。請觀察烘烤顏色來進行調整。

使用筷子輕壓般地放上去。

a

b

c

B
炸雞羅勒披薩風味

不使用常見的番茄醬，而是使用市售的羅勒醬，
輕輕鬆鬆就能完成時髦的披薩。另外，這裡使用的也是方便的
冷凍炸雞塊，可依創意享受無限的變化。

材料
（直徑約16cm的鑄鐵平底鍋 2個份）

高筋麵粉 … 140g
砂糖 … 1/2大匙
鹽 … 1/2小匙
即溶乾酵母 … 1/4小匙
溫水（35℃左右）… 90cc
奶油或乳瑪琳 … 2g
羅勒醬 … 2小匙

和基本材料的麵粉量不同。

配料
冷凍炸雞塊 … 2塊
洋蔥…適量

使用市售的就非常美味了。

裝飾材料
披薩用起司絲 … 適量

預先準備
炸雞塊先切成2cm方塊。洋蔥先切成薄片。

作法

1 將量好的麵粉過篩到攪拌盆中，分開放入鹽和砂糖。傾斜攪拌盆，對著砂糖注入溫水，撒上酵母粉，用手指攪拌混合，使其溶化。途中加入奶油，在攪拌盆中揉成一團後，移至砧板上揉麵，直到麵糰變得光滑為止。放入攪拌盆中，蓋上保鮮膜。

(›››) 在25℃下放置90分鐘

2 用手指輕按，如果會留下痕跡，就將麵糰取至砧板上，重新揉圓並去除空氣，分成2等份。各自重新揉圓後，蓋上徹底擰乾的濕布巾。

(›››) 放置10分鐘

3 用手壓平麵糰，以擀麵棍擀成直徑約12cm的圓形後，放入平底鍋中，蓋上濕布巾。連同平底鍋一起裝入塑膠袋中，綁好袋口。

在冰箱中放置8～14個小時

4 經過8～14個小時後，拿開塑膠袋和布巾，塗抹羅勒醬（a），放上炸雞塊和洋蔥（b、c）、起司絲，以200℃預熱好的烤箱烘烤15分鐘左右。

使用筷子輕壓般地放上去。

a

b

c

FOR BREAKFAST

和「晨烤麵包」
一起享用！

前一晚做好，
隔天早上就能享用的
美味家常菜&湯品

with
三明治

好不容易可以悠閒享受「晨烤麵包」的日子，
要不要再來一道可以輕鬆完成的
家常菜或湯品一起配著吃呢？
在此介紹的沙拉和湯品，都是只要在前一晚先做好，
隔天早上就能美味享用的推薦菜單。
實際上，我向「全日本最隨性的麵包教室」
的學員們提案時，也總是大獲好評。

-DISH- -SANDWICH- -SOUP-

-DISH-

早上完成的家常菜

因為想要慢慢品嘗剛出爐的美味麵包，
所以早餐搭配的「家常菜」在烹調上就要儘量節省時間。前一晚先準備好，
早上只要稍加作業即可完成，就是為了和「晨烤麵包」一起享用。

¥302

豌豆莢小番茄的
鬆軟炒蛋

就連只要炒個蛋就能立刻完成的炒蛋料理，
如果早上才開始準備食材的話，還是很費工夫的。
不過，若是在前一晚就備好待用，
早上只要花幾分鐘的時間
就可以完成鬆軟可口又熱騰騰的炒蛋了。

杏仁紅蘿蔔沙拉

紅蘿蔔沙拉也是在前一天
大致做好，讓它入味，
早上只要花點工夫，
就能變成口感新鮮的沙拉！
早上添加的酥脆杏仁片和
新鮮荷蘭芹正是美味的關鍵。

¥142

西式熱狗
拌橄欖番茄

加入分量十足的西式熱狗，
最適合男性和正在成長的孩子們！
不喜歡綠橄欖的人，
也可以改成燙過的青花菜或蘆筍等。

¥339

-DISH-

在匆忙的早晨，餐桌上想要的不只是
美味而已，最好還是營養滿分的餐點。
只要早上花點工夫，很快就能完成，
不管是2道還是3道，也都能立即上菜。

炒成半熟會更加美味，
所以請使用新鮮的雞蛋。

豌豆莢小番茄的
鬆軟炒蛋

材料（3～4人份）

豌豆莢 … 約20g
小番茄 … 5顆
加工起司 … 30g
蛋 … 2顆
牛奶 … 1大匙
鹽、胡椒 … 適量
沙拉油 … 1/2小匙

作法

前一晚

豌豆莢稍微燙過後斜切，小番茄對切，加工起司切成1cm方塊後，用保鮮膜包起來，放進冰箱中備用。

早上

蛋打散，和牛奶、鹽、胡椒混合，倒入已經熱好沙拉油的平底鍋中。放入豌豆莢、小番茄、加工起司，周圍一開始凝固，就用木鏟粗略攪拌混合，待全部食材都加熱後即可。

使用紫洋蔥，
會讓顏色變得
更鮮豔哦！

杏仁紅蘿蔔沙拉

材料（3～4人份）

紅蘿蔔 … 1根（約150g）
洋蔥 … 1/4顆（約50g）
壽司醋 … 1大匙
橄欖油 … 1小匙
顆粒芥末醬 … 1小匙
鹽、胡椒 … 適量
杏仁片 … 10g
荷蘭芹 … 適量

作法

前一晚

紅蘿蔔切絲，用加入少量鹽（分量外）的熱水煮約30秒，洋蔥切成薄片後過冰水。各自瀝乾水氣後，放入已拌好壽司醋、橄欖油和顆粒芥末醬的攪拌盆中，充分拌合，用鹽、胡椒調味，放進冰箱冷藏。

早上

加入撕碎的荷蘭芹和杏仁片即可（在荷蘭芹和杏仁片吃起來爽脆的狀態下食用）。

西式熱狗可視
情況切成小塊。

西式熱狗
拌橄欖番茄

材料（3～4人份）

豌洋蔥 … 1/2顆（約100g）
西式熱狗 … 6根（約120g）
番茄醬 … 1大匙
壽司醋 … 1大匙
水 … 2大匙
鹽、胡椒 … 適量
沙拉油 … 1/2小匙
綠橄欖 … 5顆（約15g）

作法

前一晚

洋蔥切薄片，西式熱狗斜向劃開刀痕，放入已經熱好沙拉油的平底鍋中。待洋蔥變軟後，加入番茄醬、壽司醋、水，用鹽、胡椒調味。大略放涼後，放進冰箱冷藏。

早上

拌入切成薄片的綠橄欖即可。

-SANDWICH-

用「晨烤麵包」做的三明治

用手工麵包做成的三明治格外美味。
滿滿的配料，不僅外觀華麗而且非常健康！
即使在忙碌的早晨仍能輕易製作，也可以做為便當哦！

材料

用方模製作的日式餐包…3條
（p.24「手撕日式餐包～原味～」、p.26「小麥胚芽手撕日式餐包」等）
奶油或乳瑪琳…適量
喜愛的配料…p.72～73的3種
「豌豆莢小番茄的鬆軟炒蛋」
「杏仁紅蘿蔔沙拉」
「西式熱狗拌橄欖番茄」

作法

將日式餐包縱向切開，以便夾入配料。避免壓壞麵包表面地一邊打開，一邊在切口塗抹奶油，一點一點地夾入配料。

夾入滿滿的配料，
看起來會更加美味，
所以一開始最好切深一點。

建議的麵包

不用日式餐包的話，也可以使用p.18的「基本的晨烤麵包」、p.22的「全麥手撕麵包」，在其中輪流夾入3種配料；或是各夾入一列，做成華麗的三明治，用來招待客人等等。P.23的「餐包風味手撕麵包」可以橫向切開後，夾入「豌豆莢小番茄的鬆軟炒蛋」，淋上番茄醬，做成三明治也很好吃。將P.26的「小麥胚芽手撕日式餐包」橫向切開，夾入萵苣、火腿和「杏仁紅蘿蔔沙拉」，做成分量十足的三明治也很美味。

也適合做為午餐

看起來美觀大方，吃起來方便入口，只要用食物蠟紙包起來，裝入保鮮袋或便當盒裡，就很適合做為午餐了。因為有大量的配料，很容易腐敗，所以別忘了要使用保冷劑。

-SOUP-

早上完成的湯品

善加利用晚上的時間，隔天早上進行完成作業的湯品，
是非常入味的家庭口味。搭配簡單的麵包相得益彰。
也很推薦將剛烤好的熱呼呼麵包沾取湯汁食用。

簡易燉牛肉風味濃湯

每每讓人以為是特別節日才會登場的、以多蜜醬汁（demi-glace sauce）為基底的濃湯，只要使用咖哩用豬肉和現成罐頭，就能輕鬆地製作。依照個人喜好使用牛肉或高級肉品當然沒問題，但是這種加入番茄醬或醬汁的口味，或許會更受小朋友或年長者的喜愛吧！

材料（3～4人份）

青花菜 … 50g
洋蔥 … 1/2顆（約100g）
紅蘿蔔 … 1/2根（約50g）
咖哩用豬肉 … 100g
沙拉油 … 1小匙

湯汁

◆水…1杯
◆多蜜醬汁…200g
◆高湯粉…1/2小匙
◆中濃醬…1大匙
◆番茄醬…1大匙
◆鹽…1/4小匙
◆砂糖…1/2小匙
黑胡椒…適量

作法

前一晚

青花菜切成容易食用的大小，保持硬度地燙過後，放進冰箱冷藏。洋蔥切成約1cm的月牙形，紅蘿蔔切成一口大小，咖哩用豬肉切成容易食用的大小。在已經熱好沙拉油的鍋中依照豬肉、洋蔥、紅蘿蔔的順序充分炒熟。待洋蔥變軟後，加入湯汁（◆）熬煮，大略放涼後，放進冰箱冷藏。

早上

鍋子加熱，放入青花菜，最後用黑胡椒調味即可。

多蔬健康湯

這是9年前開始營運的「自宅咖啡店Backe」所推出的湯品食譜。
一次就能吃到多種蔬菜，是很受女性喜愛的湯品。
只要蔬菜的大小一致，冰箱裡的剩菜也可以運用，
而且一定要加入金針菇哦！

材料（3～4人份）

金針菇 … 50g
高麗菜 … 50g
培根 … 50g
洋蔥 … 1/4顆（約50g）
紅蘿蔔 … 1/2根（約50g）
高湯塊 … 1塊
水 … 2杯
鹽 … 1/4小匙
砂糖 … 1/2小匙
黑胡椒 … 適量

作法

前一晚

高麗菜切成大塊，金針菇切成約2cm的長度，放進冰箱冷藏。洋蔥粗略切碎，紅蘿蔔切成1cm方塊，培根切成容易食用的大小後，放入鍋中，加入高湯塊和水燉煮，大略放涼後，放進冰箱冷藏。

早上

加熱鍋子，放入高麗菜燉煮，煮到變軟後再加入金針菇，一邊用鹽、砂糖、黑胡椒調味，再煮滾一下即可。

西式熱狗白菜牛奶湯

在白菜美味的時期，幾乎可說是常備湯品。
前一晚不加牛奶，所以就連白菜芯的部分
都能充分入味。在切白菜的時候，
請先分開芯的部分和葉的部分。

材料（3～4人份）

白菜 … 約100g
西式熱狗 … 約60g
奶油 … 5g
高湯塊 … 1塊
水 … 1杯
牛奶 … 1杯
玉米 … 約60g
鹽 … 1/4小匙
砂糖 … 1小匙
黑胡椒 … 適量

作法

前一晚

白菜切成粗絲，西式熱狗縱向切細。在已經熱好奶油的平底鍋中炒白菜芯的部分，炒熟後加入西式熱狗，白菜葉的部分也一起炒過，加入水和高湯塊燉煮，移至鍋中，大略放涼後，放進冰箱冷藏。

早上

鍋子加熱，加入牛奶、玉米後稍加燉煮，用鹽、砂糖、黑胡椒調味即可。

結 語

2014年春天，《全日本最簡單的家庭烘焙麵包食譜》出版了。

「我的麵包製作並不是正統的麵包製作。」
「在製作麵包的專家眼中，這種做法或許會讓他們猛搖頭吧？」
就如上述的主張所示，是和一般的「麵包食譜書籍」完全不同的、打破正規方法的內容。

在此之前的5年時間……我一直主持著名稱也不太正經的「全日本最隨性的麵包教室」（現在仍在進行中（笑））。

對我的想法深有同感的學生們能夠接受的麵包製作方法，
現在要在世人面前集結成冊，「能夠被接受嗎？」、「會讓人覺得好吃嗎？」
在種種期待與不安的情緒交錯下，《全日本最簡單的家庭烘焙麵包食譜》出版了，
而對此能夠接受的人數也超乎我的想像。

原本認為自己不可能做麵包的人，也願意開始做麵包了——這實在令人高興，
不過偶爾也會聽到「雖然想做，但如果不是假日就沒辦法做」、「好想吃吃看早上剛出爐的麵包哦！」之類的聲音。我發現有些人無法在生活中隨心所欲地做麵包，於是和Backe的工作人員yuko小姐不斷地反覆試作。

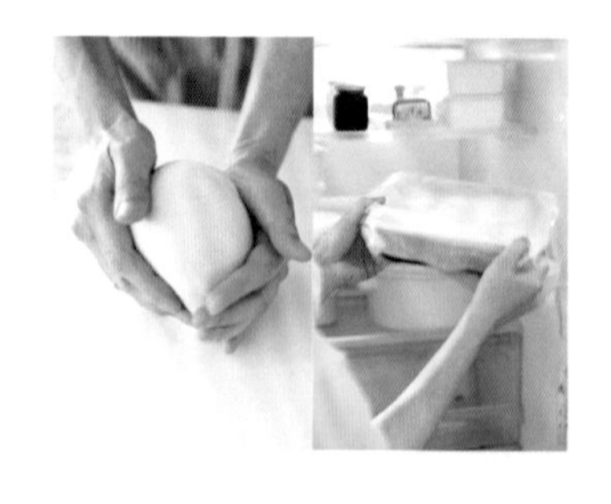

對於最後完成的食譜，最驚訝的人應該是我吧！
這個就麵包常識上無法想像的食譜，既不會失敗，而且非常美味。
很多美味的麵包都是需要費工夫的。
不過，並非不花工夫就一定不美味，還是有在不花工夫的情況下誕生的美味！
「雖然喜歡吃麵包，但是要自己做是不可能的」、「簡單的麵包怎麼可能會好吃！」
我傾注全力的這一本書，就是希望有這種想法的人都能閱讀看看。

現在，我衷心感謝和我一起完成本書的工作人員。
為Backe的麵包搭建最閃亮舞台的造型人員Shinozaki小姐、
每個鏡頭都捕捉到彷彿正瀰漫著「晨烤麵包」香氣瞬間的攝影師大山先生、
在每一頁都完美呈現「好像很帥氣的Backe」的大島先生、
從一開始製作書籍，到試作、攝影、原稿審查……
傾全力支援所有作業的Backe團隊主任yuko小姐，
以及從這次開始加入的junko小姐，如果沒有她們兩人，Backe就無法成立！

還有，讓10多年前只是個專業家庭主婦的我
能夠有機會出版食譜的編輯柳原小姐。
我這種非常規的麵包做法能夠被社會接受，全拜柳原小姐的製作所賜！
她將Backe麵包製作的魅力往上拉高了層次，非常感謝。

一點也不費工夫，早上就能做出新鮮出爐的麵包！
這誘人的「晨烤麵包」食譜，就是創造嶄新的早晨風景的幸福食譜。

全日本最隨性的麵包教室主持人 Backe晶子

Backe 晶子

為位於茨城縣取手市的完全預約制自宅咖啡店「Backe」所有人。在東京・北千住也有課程開辦中。追求並改良"在家中也能輕鬆製作的正統麵包"的原創手法備受矚目。主持「全日本最隨性的麵包教室」，特色是上完課後有許多學生都能在家中成功烘焙麵包。此外，針對希望開設自宅咖啡店或麵包教室的人，在北千住也開辦了提供know how指導的教室。著書有：《絵本からうまれたおいしいレシピ》系列（共同著作・寶島社）、《パン型付き！日本一簡単に家で焼けるパンレシピ》系列（寶島社），成為累計超過100萬冊的暢銷書籍。

「Backe」 http://www.backe.jp

國家圖書館出版品預行編目資料

晨烤麵包/Backe晶子著；彭春美譯. -- 三版. --
新北市：漢欣文化事業有限公司, 2024.05
80面；26x19公分. -- (簡單食光；3)
ISBN 978-957-686-918-1(平裝)

1.CST: 麵包 2.CST: 點心食譜

427.16　　113006082

定價280元

簡單食光 3

晨烤麵包（經典版）

晚上揉麵後放置冰箱，早上烘烤就能享用

作　　者 / Backe晶子
譯　　者 / 彭春美
出 版 者 / 漢欣文化事業有限公司
地　　址 / 新北市板橋區板新路206號3樓
電　　話 / 02-8953-9611
傳　　真 / 02-8952-4084
郵撥帳號 / 05837599 漢欣文化事業有限公司
電子郵件 / hsbooks01@gmail.com
三版一刷 / 2024年5月

編輯	綿ゆり（PHP編輯群） 柳原香奈
協助編輯	神保幸惠
攝影	大山裕平
工程攝影助理	遊佐和弘
造型	しのざきたかこ
設計	chorus
調理助理	yuko 「天然酵母麵包教室 yuchipan」 http://yuchipan04.exblog.jp junko 「麵包和糖霜餅乾教室launa」 http://launa.exblog.jp/
插圖	アビルマリ
協助攝影	UTUWA 03-6447-0070